素食食蔬

阮竑榮、謝曜宇、蕭永常、蔡明燕 著

西式創意素食　新派中式素食
×
經典中式素食　美味點心素食

　　以前有一位素食界非常有名的大師傅告訴我:「想作出一手好菜,就必需先好好學習做人!」我當時不解,滿心疑惑的問為什麼?

　　「因為作菜就像是做人一樣」他笑笑的回答。

　　做為廚師,不管手藝如何精湛、菜餚如何出色,如果食用者感受不到這道菜的用心,那麼就和做人一樣,即便外表冠冕堂皇,私底下卻不得眾人喜愛,他做的菜有多好吃,也不盡然!

　　換句話說,只要是普羅大眾可以接受的,便是一道好的菜餚!告訴我這句話的大師是享譽素食界,鼎鼎有名的謝曜宇師傅。拜在謝師傅門下也是一段奇遇,當時在和平東路上有一家「佛緣居」素食店缺人手,需要廚師,那時我正賦閒在家,透過張登旺理事長的介紹,便前往應徵,第一眼看到師父和師母就覺得投緣,在「佛緣居」工作的第三天中午,我一面吃著美味的素齋,一面聽謝師傅侃侃而談現今素食界的一些名人軼事,正聽得津津有味,卻也不盡悲從中來,「如果早日遇上如此好的師傅,那該有多好呀!」嘆了口氣我悵然的想,謝師傅不愧為素食界的翹楚,起心動念便得知我心意,當下便告訴我:「阿國,今日你在佛前跪下,燃起一炷清香,上告諸佛菩薩為證,從現在起,我謝曜宇正式收你為徒,望你習得一手技藝,將來好好推廣、發揚素食。」

　　因此因緣,日後我隨著謝師傅、陳穎仁師傅及幾位當時有心推廣素食技能的前輩,一起創立了「中華素食技能發展協會」,為素食的推廣,略盡自己一份微薄之力。

三人行必有我師焉,這句話一點都不假

　　本書承蒙謝師傅提攜、好同學蕭永常蕭師傅和蔡明燕蔡教授兩位高手鼎力相助,將《素食.食蔬》這本書的章節內容發揮到了極緻,更感謝我的啟蒙恩師——謝曜宇師傅不吝指導,將傳統素食的精隨完完全全表露出來,集結成書,亦希望能藉由本書的誕生!讓所有喜好西餐、素食、蔬食、點心的好朋友們都能輕鬆使用這本工具書。本書結合了西餐蔬食精華、傳統素食內涵、美味點心奧義、新派素食的精美!每道料理都是精隨,每道料理都是精華,每道料理都是師傅們數十年經驗累積而成,最終呈現在你我眼前的色、香、味、美功夫佳餚!

　　所以在這,我由衷感謝中華素食技能發展協會的發起人——謝曜宇謝師傅,還有我的好同學蕭永常蕭師傅和蔡明燕蔡教授兩位高手鼎力支持,讓我們在推廣素食的路上更加勇猛精進。

阮竑榮　合十

阮竑榮

作者序　謝曜宇

陽光、空氣、水
當我們從事物的起源開始陪伴，才能真正體會生命的可貴。

　　廚師有一種與生俱來的使命，要我們運用不同的技藝，替無法表達的食物詮釋出自身未知的甘美。

　　一道好的料理就如同美一般，充滿著無數的變化與可能，作菜用心與否，用餐者一定能夠如實地感受到。認真說起來，由於所處的時空背景不同，人類對於料理的喜好也在逐步演變；在現代，人民普遍生活富足，料理也順應時代氛圍，呈現百花齊放的璀璨趨勢。

即使料理的外在形貌有極大的變化，但其內在本質仍是永遠不變的

　　「民以食為天」我們可以說，料理的本質依舊源自人們對物質與心靈的渴求，要不然怎麼會說，飲食是文化的重要反饋呢？料理不僅是最能代表時代的文化產物，也是廚師人生思維和感情最具體的表現。

　　本書巧妙的將素食分為四個大類，配搭不同種類的菜式，先以宏觀的透視法拆解所有步驟，最後以圖文並茂的方式呈現在你我眼前；照著做，你也可以成為素食界的快樂大使，將感動傳遞給更多人。

　　素食之路不孤獨，非常榮幸受邀參與本書，希望這本書能讓更多茹素的夥伴們，對廚藝有多一些的驚喜，也感謝所有參與本書製作的夥伴們，沒有你們，這本書就無法面世，最後祝願親愛的各位！平平安安，喜樂永久常在。

謝曜宇

作者序 蕭 永 常

走出世界，而非只在乎眼前的自己

在工業化產品大行其道的現在，食材被加工、後製的面目全非，幾乎看不出原本的模樣，儘管這代表了現代工業技藝高超，但也同樣的讓人感到扼腕難過。

來自各地的蔬果乾品貫穿超市每一吋空間，每一個商品陳列架，似乎都能讓我們零時差的與世界接軌，曾幾何時，我們對食材的認知只剩下超商中一區一區的貨架，甚至都不認得食材新鮮的模樣，只記得罐裝的乾燥香料了？

在時代巨輪中，我想要簡單一點，簡單的尋回食材的本質；每位料理人都需要深入體會食材的特質，用心對待它們、了解食材屬性，熟知生長季節，當妳深入理解之後，它會在每一個枝芽展悅間，向你展示生命的奧秘，綻放自然的光輝。

料理是一種內化的生活態度，藉由洗滌、整理，讓食材舒展自身紋理，綻放它靈魂中淺藏的美味。

我虔誠的寫下這本活的美食書籍，本書可與家人同樂，也可宴請賓客，在這裡感謝我的好同學邀請我製作本書，讓我有這個榮幸參與其中，也感謝所有參與本書製作的朋友、夥伴，希望本書能讓更多喜愛美食的朋友不只能樂在其中，也能簡單習得烹飪技巧，倘若尚有不足之處，也請同業朋友們多多包涵，懇請指教，謝謝你們！

作者序 蔡 明 燕

　　本書的完成，首先要感謝竑榮老師，我們的緣分極深，除了是同學、同事，素食廚藝的精進更是承蒙阮老師的提攜，並且讓我有機會與三位大師共同完成此著作，對於參與製作的朋友、夥伴們，內心亦是感恩無限。

　　在本書的起草和製作過程中，常常念及父母親為我兄妹四人製作的美味點心，憶起小一時，處於物資缺乏的年代，父親意外的帶回一台比微波爐還大一點的鋁製厚重烤箱，從那一刻起，家中就經常飄出令人羨慕、垂涎的香味，雖然只是簡單的白吐司和沒有花俏鮮奶油裝飾的蛋糕，卻是我們兄妹每天放學飛奔回家的最大誘因；母親做的包子、饅頭、水餃、脆麻花、開口笑、巧果，還有過節時的肉粽、年糕、蘿蔔糕、芋粿巧等，其滋味不只滿足孩子的口欲，更填滿我們對家的依賴。

　　國中時，信奉佛教的父親開始茹素，多年後我也追隨父親的信仰親近佛法改吃素食，至今已 25 年。本書利用簡單、天然的食材，做出健康、好吃的素食點心，藉以思念我敬愛的父親，其目的在於延續父、母對子女的愛；期望讀者根據本食譜，做出同樣美味的菜餚與點心，讓您的家人感受到幸福的滋味，也創造子女對家的美好回憶。

蔡明燕 合十

蔡明燕

　　阮竑榮師傅是我國中餐烹調技能檢定監評人員第八期訓練班學員，當時能參加中餐烹調術科監評人員訓練的廚師，都必須具有乙級證照、主廚資歷，並經過行政院衛生署嚴格人品徵選，再集中於實踐大學密集訓練三天，最後經過行政院勞工委員會考試合格才能擔任中餐烹調技能檢定監評人員，這些培訓的監評人員，20 年後已是我國餐飲業的中流砥柱，為我國餐飲業奠定了良好根基，讓台灣美食弘揚於世界。

　　25 年前的廚師多少都有一些草根性，但阮竑榮師傅給我的感覺卻很是不同，初見阮師傅，覺得他高大壯碩，剃光頭，身著唐裝，表現得非常溫文儒雅、彬彬有禮，不抽菸不喝酒，更大的特點是他「茹素」，與一般的廚師幾乎是天壤之別，他法相莊嚴的外表更加深了我對他的印象。

　　阮竑榮師傅目前擔任莊敬高職餐飲管理科專任教師一職，因為阮伯父本身就是位江浙料理界大師，所以阮師傅從十四歲開始便接觸江浙料理，此後四十多年便一頭栽入料理天地中，對於各種食材的特性、處理方式無一不精曉。25 年前阮師傅因為身體健康因素開始茹素，也投身素食料理界，在和平素食、人道素食等知名素食餐廳擔任主廚，不斷鑽研美味素食的精髓，除了將熟知的葷菜轉換成素菜之外，也擷取各國料理手法的特性，藉由不同的處理方式，以期更能夠發揮食材的天然滋味。

　　十四歲開始接觸江浙料理，這意味著阮師傅出道甚早，亦即國中後即邁入社會謀生，可是阮師傅卻不因低學歷而自暴自棄，今天的阮師傅已具有東方技術學院二技專班，亞洲大學管理碩士學分班之學歷，阮師傅自發向上之精神足堪後進學子之表率。

我國 104 年十大死因以慢性疾病為主，死亡率依序為

(1) 惡性腫瘤

(2) 心臟疾病

(3) 腦血管疾病

(4) 肺炎

(5) 糖尿病

(6) 事故傷害

(7) 慢性下呼吸道疾病

(8) 高血壓性疾病

(9) 腎炎、腎病症候群及腎病變

(10) 慢性肝病及肝硬化

　　死亡人數計 163,574 人，較上年增加 0.4%，較 94 年增加 17.7%；男性 98,230 人，為女性 65,344 人的 1.5 倍。由如上資料顯示，十大死因大多與飲食不當相關。現代人的飲食多傾向三高二低飲食 (高油、高糖、高鹽、低膳食纖維、低鈣)，導致國民罹患慢性病急遽增加。最近大家聽了很多健康飲食的口號，但什麼是健康飲食呢？

健康的飲食，簡單說就是均衡飲食，遠離調理加工類的飲食；健康飲食說來容易，做起來卻有些難，因為通常好吃的食品大多為添加物過度之加工食品，例如：鬆軟綿密的蛋糕、香腸、熱狗等，而且國民攝取天然食物似乎有越來越稀少的傾向。我國國民健康署推行健康飲食的口號：三低二高（低脂、低鹽、低糖；高纖、高鈣），強調每日飲食內容以植物性食品為主，約佔 2/3，包含全穀根莖類、蔬菜類及水果類，並應盡量減少含糖飲料攝取，以減少不必要的熱量攝取，讓我們的生活更健康。

　　地球溫室效應急遽上升，世界各國有感於溫室效應的威脅，於是於 2015 年 12 月於巴黎共同簽署了巴黎氣候協定，該協定並將於 2016 年 11 月生效，我國由於碳排降頗高，已被列為「非常糟糕」名單。每個人都有抗暖化之責任，抗暖化第一步就是用嘴巴抗暖化── 從少吃牛肉開始。根據聯合國農糧組織的調查，畜牧業所排放的溫室氣體，約佔全人類溫室氣體排放量的 18%。牛因為在消化的過程中會產生甲烷 (CH_4)，而甲烷又是比二氧化碳強 23 倍的溫室氣體，因此少吃牛肉與乳製品，對於減緩地球暖化是有幫助的。

　　阮竑榮師傅《舒食‧食蔬》一書即肩負著國民健康和綠化地球雙重大任孕育而出，該書彙集了阮師傅畢生所學之食蔬創意料理，具有天然、爽口、好吃、不油膩之特點，彙集豐富蔬果及自然食材，提倡蔬食機能餐飲，用好滋味照顧每位讀者及他的家人健康，和綠化這塊土地。

　　阮竑榮師傅於書中明白教我們如何於最短的時間內，有效的烹調對的食物。吃對食物，減少不當烹調對身體的負擔，我期望藉由本書，能讓讀者於享受美食的同時，更能在加工、飲食與健康等方面，對各種食品有更深一層的認識，達到「餐飲安全好、放心吃到老」之境界。

　　這是一本好書，精讀這本書，可以讓我們擺脫三高二低、加工食品對身體的危害，進而達到養生愉悅之目的。

衛生福利部食品藥物管理署退休技正
輔仁大學食品科學研究所兼任講師

文長安

全世界公認中國人是最懂得吃的民族，追溯起源，從有人類記載時，那時的人類吃的就是素食了。

在 20 世紀中期，台灣的宗教團體不辭辛勞，苦口婆心的推廣大眾吃素，才有今天台灣素食的一片繁榮景象，「吃」不外乎就是要養生，但是養生也要養身，才是吃得健康。

生活在 21 世紀裡吃素就更不寂寞了，因為有謝曜宇、阮竑榮、蕭永常、蔡明燕幾位大師的經典素食創作，謝曜宇、阮竑榮兩位大師不但是師徒，也是中華素食技能發展協會發起人之一，有師傅的跨刀相助，此著作便不再話下。

阮大師現任中華素食技能發展協會副理事長、莊敬工業家事職業學校專任技術教師，及大專院校、社區大學專技講師，大愛台新素派烹飪教學......等，精通多國料理研發及果雕藝術的培養，其才華與能力不愧是廚藝界的英才，又有蕭永常大師的鼎力協助，這本食譜當然道道都是舌尖美味。

人要活得精彩，吃要吃得自然，精彩健康之餘，我們也要吃得驚喜，讓三位大師帶領我們！誠摯將《舒食・食蔬》這本素食寶典推薦給各位讀者，吃素食，讓我們一起更健康、更環保、更長壽。

中華素食技能發展協會
榮譽理事長
陳穎仁

　　人生的基本磐石是健康，有健康才能享受心寧的平靜和快樂，人一生追求長命百歲，要活得健康，才能降低國家醫療資源的浪費。為了健康，吃素人口逐年上升，由於吃素大多會攝取較多蔬菜，可降低大腸癌與糖尿病的機率，綠色蔬菜如芥蘭菜與菠菜是葉酸的良好來源，有助與心血管疾病與血液的凝固，十字花科蔬菜可避免乳癌的成長，全穀類富含纖維素、葉酸、維生素，豆類及豆莢類含蛋白質、醣類、維生素、礦物質，並含有異黃酮素，可防癌與抗癌，降低膽固醇減少心血管疾病。

　　阮竑榮、蕭永常、謝曜宇三位大師在業界有將近二十年主廚經驗，加上十年教學資歷，謝曜宇是中華素食技能發展協會發起人，三位大師嘔心瀝血將三十多年的經驗出版了經典素食，對台灣的飲食生活將會有很大的助益，將實務與教學作更好的搭配，對吃素的人將是一大福音，願此書帶給大家更健康、更豐富的飲食生活。

輔仁大學餐旅管理系　教授

黃韶顏

　　素食是人類另一種的飲食方式，素食的食材調理過程和供應的對象，都有其獨特性。素食經用心的食材選購、調配、烹調，處理、貯存、運送亦能提供均衡的飲食，維持人類正常的生理機能與新陳代謝，並使人延年益壽。

　　素食界的翹楚謝曜宇先進提攜後輩不餘遺力，今出書，指引素食料理是素齋界之福，素食界將充滿感激與感恩！阮竑榮老師從小由阮伯父調教江浙料理，受益良多，承繼父業並在餐飲界逐漸嶄露頭角並於素食界中受教於謝曜宇名師，經苦心學習，將三十多年深厚的功力及精湛的廚藝，融入獨具風格的素食佳餚；而蕭永常師傅、蔡明燕老師二位素食達人也將台灣的素食注入多元又富饒、具有創意的飲食文化。四位素食先進的努力，讓更多人認識精緻的台灣素食美饌，而且對素食之推廣將會有很大之助益。

中國文化大學 生活應用科系
教授兼系主任

林素一

contents

西式創意

新派中式

◆ 經典中式

◆ 美味點心

如何使用本書

◎本書每道料理皆為素食。

◎白醬可購買料理包使用,亦可參考《西式創意料理》P.25頁手工製作。

◎本書焗烤、裝飾使用的巴西利葉,可依個人喜好採用風乾/新鮮巴西利葉;
　調味皆使用新鮮巴西利葉,新鮮的巴西利葉剁碎即可使用。

◎本書香料新鮮/乾燥皆可使用
　新鮮香料香氣較濃郁,乾燥香料取得上較為方便。

◎烤箱使用皆須預熱,預熱溫度為上火/下火之溫度。

四大主題一覽表

作法

☆白醬作法☆ 以無鹽奶油熱鍋、拌炒麵粉、蔬菜高湯至滾煮冒泡、轉小火加入帕馬森乾乳酪粉、植物性鮮奶油提味。

❶ 將巴西利葉切碎並擠乾、薑、素培根切絲、紅甜椒、中捲、海參切段;馬鈴薯挖出內裏備用(壓成泥),外殼不可挖破。

❷ 以奶油熱鍋,爆香薑、奧利岡、素培根,加入馬鈴薯泥、素中捲、素海參、白醬拌炒,加入調味帕馬森乾乳酪粉、胡椒鹽翻炒均勻,加入紅甜椒翻炒。

❸ 取馬鈴薯容器、放入炒料、撒上披薩乳酪絲、巴西利葉、匈牙利紅椒粉入爐烘烤,以上下火350度烤至金黃。

TIPS

★海鮮可隨個人口味調整。
★白醬炒麵糊時要注意不可過度上色,火太大麵糊會焦掉。
★香料類需用橄欖油以小火爆香,香氣才會出來。

西式創意

新意中式

經典中式

美味點心

○② 爐烤洋芋海鮮

材料		調味料		白醬	
薑	20g	無鹽奶油	30g	無鹽奶油	25g
素培根	2條	帕馬森乾乳酪粉	30g	麵粉	25g
素中捲	60g	胡椒鹽	少許	蔬菜高湯	90cc
素海參	50g	急速冷凍奧利岡	少許	帕馬森乾乳酪粉	30g
紅甜椒	20g	披薩乳酪絲	50g	植物性鮮奶油	40cc
馬鈴薯	200g	巴西利葉	少許		
		匈牙利紅椒粉	少許		

素食種類標示

老師們的小撇步

24

25

/ 本書素食種類符號標示 /

全素
不吃所有動物相關的食品。
包含加工產品、副產品、蛋、奶、蜂蜜、燕窩、五辛...... 等等。
註：五辛為蔥、蒜、韭、蕎及興渠。

奶素
食用蔬食、奶類和其相關產品，不吃蛋及其製品。

蛋素
食用蔬食、蛋類和其相關產品，不吃奶及其製品。

蛋奶素
同時吃蛋、奶及其製品。

篇章要點

西式創意
◆材料中的「罐頭碾碎番茄」可用新鮮番茄剁碎後代替。
◆以月桂葉爆香的食材，盛盤時皆須拿出。

新派中式 / 經典中式
◆內文中使用的葡萄果乾、核桃......等，皆為綜合果乾，建議製作本篇章時優先採用包裝
　內容物搭配。
◆內文中使用的太白粉水，以太白粉 1T、淨水 20g 混合均勻即可。
◆內文中使用的酥炸粉漿，以酥炸粉 70g、淨水 30g 混合均勻即可。

西式
創意

蔬果沙拉捲

材料

春捲皮	1 張
蘿蔓	2 片
苜蓿芽	20g
水蜜桃罐	40g
富士蘋果	50g

調味料

花生粉	20g
原味優格	10g
沙拉醬	30g

作法

❶ 將食材清洗乾淨，蘋果去皮切條，泡鹽水。
（鹽水不可泡太久，太久會氧化）

❷ 水蜜桃切片，蘿蔓去梗。

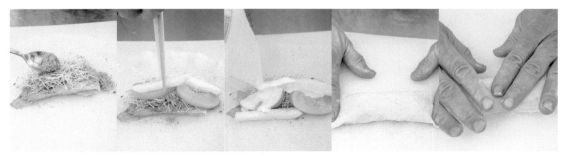

❸ 春捲皮鋪平，放上蘿蔓、苜蓿芽、花生粉、水蜜桃片、蘋果條、原味優格、沙拉醬，將材料捲起。

❹ 切半即可食用。

🍽 TIPS

★ 春捲皮大張 1 斤約 15 張，小張 1 斤約 22 張，蔬果沙拉捲採用的是小張春捲皮。
★ 調味料可依個人喜好自由調整。

🥚🥛 明蝦通心麵沙律

材料

通心麵	80g	紅甜椒	30g	
中芹	30g	雞蛋	1 顆	
薑	20g	素明蝦	100g	
綠節瓜	30g	核桃	適量	
黃節瓜	30g			

調味料

巴西利葉	少許
沙拉醬	少許
胡椒鹽	少許

作法

 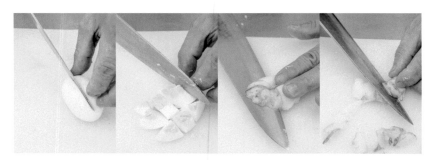

1. 通心麵以滾水煮至全熟後,沖水瀝乾冷卻;巴西利葉切碎,擠乾備用。
2. 雞蛋以冷水煮並切中丁,素明蝦切塊。

3. 中芹切末,薑切碎,綠節瓜、黃節瓜、紅甜椒切成菱形,將綠黃節瓜川燙備用;核桃以上下火 180 度烤 8 分鐘。

4. 取容器放入通心麵,加入上述材料及沙拉醬、胡椒鹽混合均勻。

5. 盛盤放上巴西利葉、烤核桃,裝飾即可食用。

TIPS

★ 以冷水煮蛋，水滾後開始計算 7~8 分鐘，時間
　需精準掌控，如果超過時間蛋黃會黑掉。
★ 沙拉很容易出水，建議食用前再組裝食材。

義式莫札拉乳酪沙拉

TIPS

★ 香料必須用橄欖油爆香才會香。

★ 因為洋菇會生水，處理時需快速。

★ 將步驟 2 淋入時需注意溫度，避免莫札拉乳酪融化。

材料

洋菇	12 顆
綠橄欖	6 顆
黑橄欖	6 顆
莫札拉乳酪	80g

調味料

橄欖油	15g
月桂葉	2 片
迷迭香	少許
白酒醋	30g
胡椒鹽	少許

作法

❶ 洋菇洗淨,瀝乾切塊,乳酪切塊。

❷ 起熱鍋放入橄欖油、月桂葉、迷迭香炒香,加入洋菇、白酒醋、胡椒鹽收汁,最後將月桂葉拿起,放涼備用。

❸ 取容器放入莫札拉乳酪、洋菇、綠橄欖、黑橄欖、橄欖油、胡椒鹽,冷藏醃製 8 小時。

❹ 盛盤裝飾即可食用。

希臘式烤食蔬

材料

薑	20g
生香菇	20g
牛番茄	1 顆
茄子	20g
黃節瓜	20g
綠節瓜	20g
紅甜椒	20g

調味料

橄欖油	30cc
蔬菜高湯	90cc
罐頭碾碎番茄	60g
胡椒鹽	少許
帕馬森乾乳酪粉	30g
無鹽奶油	15g
披薩乳酪絲	40g
巴西利葉	少許
匈牙利紅椒粉	少許

作法

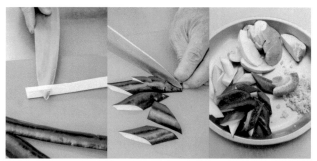

❶ 將巴西利葉切碎擠乾，薑切碎，茄子、雙色節瓜、生香菇、紅甜椒洗淨切塊、牛番茄切中大菱形備用。

❷ 以油溫 80 度油炸茄子，撈起備用。

❸ 起油鍋爆香薑，加入香菇、蔬菜高湯拌炒，加入罐頭碾碎番茄、牛番茄、茄子、黃節瓜、綠節瓜、紅甜椒炒香，翻炒均勻燜煮 10 分鐘，加入胡椒鹽、帕馬森乾乳酪粉調味。

❹ 取焗烤碗抹上無鹽奶油，將素料放入容器，撒上披薩乳酪絲、巴西利葉、匈牙利紅椒粉入爐烘烤，以上下火 300 度烤至表面金黃即可。

🍽 TIPS

★ 材料中的「罐頭碾碎番茄」可用新鮮番茄剁碎後代替。
★ 台灣茄子切完後可泡清水避免發黑，日本圓茄則不必。
★ 茄子油炸需要高油溫，否則會含油。

爐烤洋芋海鮮

材料		調味料		白醬	
薑	20g	無鹽奶油	30g	無鹽奶油	25g
素培根	2 條	帕馬森乾乳酪粉	30g	麵粉	25g
素中捲	60g	胡椒鹽	少許	蔬菜高湯	90cc
素海參	50g	急速冷凍奧利岡	少許	帕馬森乾乳酪粉	30g
紅甜椒	20g	披薩乳酪絲	50g	植物性鮮奶油	40cc
馬鈴薯	200g	巴西利葉	少許		
		匈牙利紅椒粉	少許		

作法

☆白醬作法☆　以無鹽奶油熱鍋，拌炒麵粉、蔬菜高湯至滾煮冒泡，轉小火加入帕馬森乾乳酪粉、植物性鮮奶油提味。

❶ 將巴西利葉切碎並擠乾、薑、素培根切絲，紅甜椒、中捲、海參切段；馬鈴薯挖出內裏備用（壓成泥），外殼不可挖破。

❷ 以奶油熱鍋，爆香薑、奧利岡、素培根，加入馬鈴薯泥、素中捲、素海參、白醬拌炒，加入調味帕馬森乾乳酪粉、胡椒鹽翻炒均勻，加入紅甜椒翻炒。

❸ 取馬鈴薯容器，放入炒料，撒上披薩乳酪絲、巴西利葉、匈牙利紅椒粉入爐烘烤，以上下火 350 度烤至金黃。

🍽 TIPS

★ 海鮮可隨個人口味調整。

★ 白醬炒麵糊時要注意不可過度上色，火太大麵糊會焦掉。

★ 香料類需用橄欖油以小火爆香，香氣才會出來。

養生食蔬湯

材料

薑	20g	高麗菜	30g
紅蘿蔔	30g	白山藥	40g
生香菇	30g	牛番茄	40g
米豆	15g	西芹	30g
白果	30g		

調味料

橄欖油	20g
月桂葉	1 片
蔬菜高湯	300cc
胡椒鹽	少許
香油	少許
香菜葉	少許

作法

❶ 紅蘿蔔、生香菇、白山藥、西芹、牛番茄乾淨切丁,白山藥泡水;薑切末,高麗菜切段丁(小正方形)白果以冷水煮開,瀝乾備用。

❷ 米豆泡水,煮熟備用。

❸ 起油鍋炒香薑碎、月桂葉,拌炒紅蘿蔔、香菇,加入米豆、白果、蔬菜高湯,煮滾之後轉小火,10 分鐘後加入高麗菜、白山藥、胡椒鹽以小火滾 3~5 分鐘,起鍋前加入牛番茄、西芹。

❹ 拿出月桂葉盛盤,放入少許香油、香菜葉,即可食用。

🍽 TIPS

★ 可加入冬粉增加飽足感;米豆用以調味蔬菜湯,做湯底之用。

奶油火腿
南瓜濃湯

材料		調味料	
薑	20g	無鹽奶油	20g
洋芋	50g	月桂葉	1 片
南瓜	100g	蔬菜高湯	300cc
紅蘿蔔	20g	胡椒鹽	少許
西芹	20g	巴西利葉	少許
素火腿	40g	植物性鮮奶油	30cc

作法

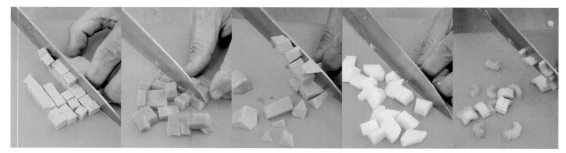

❶ 將巴西利葉切碎並擠乾，素火腿切小丁備用；南瓜去皮去籽切成小塊，洋芋、紅蘿蔔、西芹洗淨去皮切小丁，薑切末。

❷ 以奶油熱鍋，炒香薑碎、月桂葉，加入洋芋、南瓜、紅蘿蔔炒香，加入蔬菜高湯、胡椒鹽、西芹，滾煮後轉小火燉煮 25~30 分鐘。

❸ 取出月桂葉，將材料倒入果汁機打成泥狀，回鍋加熱，盛盤後放入素火腿、巴西利葉、植物性鮮奶油即可食用。

 TIPS

★ 以洋芋作澱粉質，此料理是沒有麵粉的。

印式扁豆湯

材料

薑	20g
紅蘿蔔	20g
印度小扁豆	30g
罐頭碾碎番茄	40g
西芹	20g

調味料

橄欖油	30cc
月桂葉	1 片
蔬菜高湯	300cc
胡椒鹽	20g
白酒	30g
帕馬森乾乳酪粉	20g
巴西利葉	少許

作法

❶ 紅蘿蔔、西芹洗淨切丁（約切成和玉米粒一樣大即可），薑切碎，將扁豆清洗並泡水備用。

❷ 準備湯鍋，將扁豆煮熟；巴西利葉切碎備用。

❸ 起油鍋放入月桂葉，炒香薑碎，加入紅蘿蔔、扁豆略微拌炒，加入蔬菜高湯以文火熬煮，加入碾碎番茄並調味，最後放入西芹。

❹ 出菜時撒上少許巴西利葉、帕馬森乾乳酪粉即可。

 TIPS

★此料裡以清湯為主，沒有澱粉質。

北義爐焗海鮮螺旋麵

材料

薑	20g
洋菇	20g
螺旋麵	90g
素海參	50g
素明蝦	50g
黃節瓜	20g
綠節瓜	20g

調味料

無鹽奶油	30g	帕馬森起士粉	30g
月桂葉	1 片	披薩乳酪絲	50g
急速冷凍奧利岡	少許	蔬菜高湯	120cc
番茄糊	30g	巴西利葉	少許
罐頭碾碎番茄	90g	匈牙利紅椒粉	少許
白酒	40g		
胡椒鹽	少許		

作法

❶ 巴西利葉切碎擠乾，所有食材清洗乾淨，香菇切半，所有食材依照入鍋順序切中菱形備用。

❷ 以深鍋煮螺旋麵，水滾之後約煮 5 分鐘。

❸ 以奶油熱鍋爆香薑，加入洋菇、月桂葉、奧利岡翻炒均勻，加入番茄糊、罐頭碾碎番茄、白酒拌炒均勻。

❹ 煮滾數分鐘之後下螺旋麵、蔬菜高湯拌勻，加入海鮮料、蔬菜翻炒均勻，放入調味。

❻ 入爐烘烤，以上下火 350 度烤至金黃上色。

❺ 取焗烤碗抹上無鹽奶油，炒料裝入焗烤碗，撒上披薩乳酪絲、巴西利葉、匈牙利紅椒粉。

 TIPS

★ 可依個人喜好替換海鮮、蔬菜。

🥚🥛 法式貝夏梅焗烤米形麵

材料		調味料	
薑	20g	無鹽奶油	40g
生香菇	20g	月桂葉	1 片
米形麵	60g	百里香	少許
素九孔	3 顆	白酒	40cc
素鴨胸片	50g	帕馬森起士粉	30g
素火腿	50g	胡椒鹽	少許
紅甜椒	15g	披薩乳酪絲	50g
素干貝	3 顆	巴西利葉	少許
綠節瓜	20g	匈牙利紅椒粉	少許
黃節瓜	20g	白醬	適量

作法

★ 請見 P.25 白醬製作方法。

❶ 將巴西利葉切碎並擠乾,將食材 清洗乾淨,薑切碎,所有食材依放入順序切小菱
形備用。

❷ 以奶油熱鍋,爆香薑、月桂葉、百里香,加入生香菇、白酒拌炒均勻。

❸ 加入白醬,小滾後加入米形麵、剩餘材料翻炒均勻,加入調味。

❹ 另取焗烤碗抹無鹽奶油,炒料裝入焗烤碗,並撒上披薩乳酪
絲、巴西利葉、匈牙利紅椒粉。

❺ 入爐烘烤,以上下火 350 烤至金黃即可。

 TIPS

★ 可依個人喜好替換素海鮮、蔬菜。

米蘭式
海鮮焗飯

材料		調味料	
薑	20g	無鹽奶油	30g
白麻菇	30g	急速冷凍奧利岡	少許
生香菇	30g	月桂葉	1 片
白飯	90g	番茄糊	30g
綠節瓜	30g	罐頭碾碎番茄	90g
素九孔	3 顆	白酒	30cc
素海參	50g	蔬菜高湯	120cc
		帕馬森起士粉	30g
		胡椒鹽	少許
		披薩乳酪絲	40g
		巴西利葉	少許
		匈牙利紅椒粉	少許

作法

❶ 將巴西利葉切碎並擰乾，薑切碎，再把食材清洗乾淨，並依順序切小菱形備用，白飯煮熟備用。

❷ 以奶油熱鍋，炒香薑、奧利岡、月桂葉，加入白麻菇、生香菇拌炒，加入番茄糊、碾碎番茄、白酒、白飯拌勻，加入蔬菜高湯、煮滾數分鐘之後，加入剩餘材料、帕馬森起士粉、胡椒鹽翻炒均勻。

❸ 另取焗烤碗抹無鹽奶油，炒料裝入焗烤碗，撒上披薩乳酪絲、巴西利葉、匈牙利紅椒粉。

❹ 入爐烘烤，以上下火 350 度烤至金黃。

 TIPS

★ 可依個人喜好調味。

義式乳酪爐焗海陸飯

材料

薑	20g
生香菇	20g
白飯	90g
素火腿	50g
素干貝	3 顆
素九孔	3 顆
素鴨胸片	50g
綠節瓜	20g
紅甜椒	15g

調味料

無鹽奶油	40g
百里香	少許
月桂葉	1 片
白酒	40cc
貝夏梅奶油白醬	90g
帕馬森起士粉	20g
蔬菜高湯	100cc
披薩乳酪絲	40g
巴西利葉	少許
匈牙利紅椒粉	少許

作法

★ 請見 P.25 白醬製作方法。

❶ 將巴西利葉切碎並擠乾，百里香切碎，白飯煮熟備用，將食材清洗乾淨，薑切碎，
所有食材依放入順序切小菱形備用。

❷ 以奶油熱鍋，炒香薑、百里香、月桂葉，加入生香菇拌炒，倒入白酒、白醬煮至
冒泡，放入白飯和剩餘材料、帕馬森起士粉、蔬菜高湯翻炒均勻。

❸ 另取焗烤碗抹無鹽奶油，炒料裝入焗烤碗，並撒上披薩乳酪
絲、巴西利葉、匈牙利紅椒粉。

❹ 入爐烘烤，以上下火 350 烤至金黃即可。

 TIPS

★ 可依個人喜好採用濃縮番茄代替白醬。

◉ 🥛 海鮮蛋包飯

材料

雞蛋	3 顆
白飯	90g
素海參	80g
素明蝦	80g

調味料

番茄醬	40g
梅林辣醬油	少許
胡椒鹽	少許

作法

❶ 白飯煮熟，素海參、素明蝦切塊，起油鍋把素海鮮翻炒熟成，打散 1 顆雞蛋備用。

❷ 起油鍋炒蛋、加入白飯、海鮮、番茄醬、梅林辣醬油、胡椒鹽調味，翻炒均勻。

❸ 將其餘雞蛋打散，起平底鍋熱油，把打散蛋液煎成蛋皮包住炒飯，盛盤即可食用。

🍽 TIPS

★ 內餡可依個人喜好選擇不同的食材。

鄉野式菇燉飯

材料		調味料	
薑	20g	橄欖油	40g
白米	90g	月桂葉	1 片
柳松菇	20g	白酒	40cc
黑鮑菇	30g	蔬菜高湯	120cc
杏鮑菇	20g	帕馬森乾乳酪粉	30g
生香菇	30g	胡椒鹽	少許
白麻菇	30g	動物性鮮奶油	50cc
金針菇	20g	巴西利葉	少許
紅甜椒	少許	素魚子醬	30g
		百里香	少許

作法

❶ 將巴西利葉切碎並擠乾,薑切碎,米洗淨瀝乾水分(真正的義大利米也可不洗),生香菇、白麻菇切片,柳松菇、黑鮑菇切段,杏鮑菇切菱形,紅甜椒切小粒。

🍴 TIPS

★道地的義大利燉飯是半分熟,可看個人喜好調整熟度。

❷ 取出平底鍋加熱,放進橄欖油、月桂葉、薑碎爆香,放入白米、菇類拌炒,加入白酒、蔬菜高湯,煮滾之後轉小火煮 25~30 分鐘(過程中應陸續添加高湯)慢慢熬煮至熟。

❸ 熬煮過程需持續攪拌避免燒焦,待煮至所需熟度時,加入帕馬森乾乳酪粉、胡椒鹽、動物性鮮奶油、巴西利葉碎調味。

❹ 盛盤放上紅甜椒粒、素魚子醬、百里香裝飾。

◉ 🥛 米蘭式海鮮燉飯

材料

薑	20g
白麻菇	30g
生香菇	30g
白米	90g
素明蝦	50g
素九孔	3 顆
素海參	1 個
綠節瓜	30g

調味料

橄欖油	40g
百里香	少許
白酒	40cc
番茄糊	20g
罐頭碾碎番茄	60g
蔬菜高湯	120cc
帕馬森乾乳酪粉	30g
胡椒鹽	少許
巴西利葉	少許
素魚子醬	30g

作法

❶ 將巴西利葉切碎並擠乾，薑切絲，米洗瀝乾水分（真正的義大利米也可不洗），綠節瓜切菱形，白麻菇、生香菇切片，素明蝦、素九孔、素海參切菱形。

❷ 取平底鍋加熱放進橄欖油、百里香、薑爆香，加入菇類拌炒，加入白酒、番茄糊、罐頭碾碎番茄、白米拌炒，加入蔬菜高湯，煮滾後轉小火煮 25~30 分鐘（過程中應陸續添加高湯），海鮮川燙約 5 分鐘，撈起備用。

❸ 慢慢熬煮至熟，熬煮過程需持續攪拌避免燒焦，待煮至所需熟度時加入海鮮料、綠節瓜、帕馬森乾乳酪粉、胡椒鹽翻煮均勻。

❹ 盛盤撒上巴西利葉碎、素魚子醬、百里香裝飾即可。

 TIPS

★道地的義大利燉飯是半分熟，可看個人喜好調整熟度。

蝦貝炒貝殼麵佐配西蘭花

材料

薑	20g
素干貝	5 顆
素明蝦	2 隻
貝殼麵	50g
花椰菜	100g
牛番茄	90g
黃節瓜	30g

調味料

橄欖油	少許
百里香	少許
乾辣椒	30g
白酒	40cc
蔬菜高湯	60cc
胡椒鹽	少許
核桃	40g
素魚子醬	適量
新鮮百里香	1 小把

作法

① 核桃以 150~160 度烤約 12 分鐘，花椰菜洗淨割出小朵，川燙備用，乾辣椒切小段，薑切碎，黃節瓜、番茄切中小菱形，素海鮮切中菱形備用。

② 貝殼麵先燙熟備用。

③ 取平底鍋加熱放進橄欖油、百里香、乾辣椒、薑碎爆香，加入素干貝、素明蝦、白酒翻炒均勻，加入蔬菜高湯、貝殼麵、綠花椰菜略為拌炒，加入胡椒鹽調味，待稍微收汁，起鍋前加入番茄、黃節瓜翻炒均勻。

④ 盛盤撒上核桃，放上素魚子醬、百里香裝飾即可。

📷 TIPS

★ 貝殼麵也可用米形麵、通心麵、蝴蝶麵、鈴管麵、螺旋麵、義大利圓餃替代。

47

森林式乾番茄炒義麵

材料		調味料	
薑	20g	橄欖油	40g
素培根	3 條	義式曬乾番茄	6 顆
柳松菇	30g	紅酒	40cc
生香菇	30g	蔬菜高湯	60cc
豹紋菇	30g	義大利綜合香料	少許
金針菇	30g	胡椒鹽	少許
義大利麵	80g	巴西利葉	少許
紅甜椒	30g	素魚子醬	30g
九層塔	5g	新鮮百里香	少許

作法

❶ 義式曬乾番茄以橄欖油浸泡 8 小時以上，切條備用；將巴西利葉切碎並擠乾。

❷ 燒一鍋熱水，加入少量的鹽煮滾，水滾後放義大利麵煮至 7、8 分熟（約煮 6~7 分鐘），撈出瀝乾，拌油備用。

❸ 將薑、素培根切粗絲，菇類切段，紅甜椒切條。

❹ 取平底鍋加熱放進橄欖油、薑爆香，加入番茄乾、培根翻炒，加入菇類、紅酒、蔬菜高湯翻炒均勻，加入義大利綜合香料、胡椒鹽、義大利麵翻炒均勻，加入紅甜椒、九層塔略為拌炒。

❺ 盛盤撒上巴西利葉，放上素魚子醬、百里香裝飾即可。

 TIPS

★ 材料可採用鳥巢麵代替。

🥚 🥛 德式酸菜爐焗蝦貝

酸菜材料

薑	20g
素培根	1 條
高麗菜	30g
德式酸菜	30g

海鮮材料

薑	40g
生香菇	30g
素明蝦	2 隻
素干貝	4 顆
綠節瓜	30g
黃節瓜	30g
紅甜椒	20g

材料

無鹽奶油	30g
披薩乳酪絲	40g
巴西利葉	少許
匈牙利紅椒粉	少許

酸菜調味料

橄欖油	20cc
月桂葉	1 片
杜松子	10g
蘋果醋	20cc
胡椒鹽	少許

海鮮調味料

橄欖油	40g
急速冷凍奧利岡	少許
白酒	40cc
胡椒鹽	少許

作法

① 將巴西利葉切碎並擠乾，食材洗淨，薑切絲，素培根、高麗菜切粗絲，生香菇切片，素明蝦切片，綠節瓜、黃節瓜、紅甜椒切中菱形備用。

② 取鍋子加熱放進橄欖油、月桂葉、杜松子、薑、培根爆香，放入高麗菜絲、德國酸菜、蘋果醋、胡椒鹽、少許橄欖油拌炒均勻。

③ 取平底鍋加熱放進橄欖油爆香薑絲，加入生香菇略炒，翻炒素明蝦、素干貝，加入綠節瓜、黃節瓜、紅甜椒、奧利岡略微拌炒，加入白酒、胡椒鹽翻炒均勻。

④ 取焗烤碗刷上無鹽奶油，先放入酸菜料再放上海鮮料。

⑤ 撒上披薩乳酪絲、巴西利葉、匈牙利紅椒粉，入爐烘烤，以上下火 350 度烤至金黃即可。

 TIPS

★蝦貝可以用 PASTA 代替。

⬤🥛 奶油第戎芥末煎海鮮

法式第戎芥末醬材料

薑	20g
白酒	40cc
蔬菜高湯	20cc
鮮奶油	50cc
第戎芥末醬	30g
胡椒鹽	少許
無鹽奶油	30g

🍴 TIPS

★ 配菜與素海鮮類可依
個人喜好調整。

作法

❶ 薑切碎備用。

❷ 取平底鍋加熱放入少許無鹽奶油、薑碎
爆香,加入白酒煮到酸性蒸發,加入蔬
菜高湯、鮮奶油,微滾之後加入第戎芥
末醬、胡椒鹽及無鹽奶油。(此醬汁也
可使用果汁機製作)

材料

義式天使麵	30g
小紅蘿蔔	1 根
素明蝦	2 隻
素九孔	4 顆
素干貝	4 顆
九層塔	5g

調味料

胡椒鹽	少許
麵粉	少許
白酒	40cc
橄欖油	40cc
蔬菜高湯	40cc
胡椒鹽	少許
無鹽奶油	30g
巴西利葉	少許

作法

❶ 燒一鍋熱水放入少許鹽巴，水滾後下義式天使麵煮約 3 分鐘，至 8 分熟撈出瀝乾，拌油備用；川燙小紅蘿蔔。

❷ 將海鮮與胡椒鹽、麵粉抓醃。

❸ 海鮮煎至兩面上色，加入白酒翻炒；取醬汁鍋裝沙拉油，將九層塔炸至有透明感。

❹ 取平底鍋加熱，放入橄欖油、蔬菜高湯、胡椒鹽、無鹽奶油、巴西利葉、義式天使麵拌炒均勻。

❺ 盛盤，底部先放上小紅蘿蔔、義式天使細麵、法式第戎芥末醬，再依序放上海鮮料、九層塔。

53

香煎鴨胸佐配爐烤蘋果

奶油爐烤蘋果材料

蘋果	1/2 顆
植物性鮮奶油	50g
紅糖	20g
荳蔻粉	少許
肉桂粉	少許

奶油爐烤蘋果作法

❶ 將蘋果削皮切中丁，以鹽水浸泡備用。

❷ 蘋果丁放上配菜盤，加入植物性鮮奶油、紅糖、荳蔻粉、肉桂粉，入爐烘烤，以上下火300 度烤約 8~10 分鐘，上色即可。

材料

薑	20g
黑櫻桃	40g
素鴨胸	180g
奶油爐烤蘋果	80g

調味料

無鹽奶油	40g
罐頭碾碎番茄	40g
紅酒	40cc
新鮮百里香	少許

作法

❶ 薑切碎，素鴨胸正反面切十字花刀。

🍴 TIPS

★ 如果不喜素肉可採用素海鮮代替。

❷ 取平底鍋加熱，放入無鹽奶油炒香薑碎，再放黑櫻桃、罐頭碾碎番茄、紅酒，讓它微煮數分鐘。

❸ 以少許橄欖油將鴨胸煎好備用。

❹ 盛盤，奶油爐烤蘋果鋪底，放上鴨胸及裝飾即可。

新派中式

🥛 香煎蜜梨

材料

蜜梨	2 顆

調味料

奶油	60g
梅林辣醬油	20g
蜂蜜	3T
紅醋汁	1T

作法

❶ 蜜梨削皮,切片去核。

❷ 以奶油熱鍋,放入梨片煎至兩面金黃。

❸ 將梅林辣醬油、蜂蜜、紅醋汁混合均勻。

❹ 倒入鍋內翻炒均勻,盛盤裝飾即可食用。

 TIPS

★水梨或蘋果都可以製作。

百香山藥盅

材料

百香果	6 粒
山藥	150g
番茄果乾	30g
杏桃乾	20g
綜合堅果	30g
起士片	2 片

調味料

白醬	300g
披薩乳酪絲	80g
義大利香料	1T
百香果沙拉醬	1 條

作法

★請見 P.25 白醬製作方法。

❶ 山藥削皮泡水；百香果洗淨對切，挖出果肉濾出果汁，果殼洗淨備用。

❷ 山藥切丁泡水，起士、果仁切小。

❸ 果殼放入山藥、番茄果乾、杏桃。

❹ 放入白醬，撒上綜合堅果乾，放上起士片。

❺ 倒入百香果汁，撒上披薩乳酪絲。

❻ 撒上義大利香料，擠上適量百香果沙拉醬。

❼ 入爐烘烤，以上下火 200 度烤至上色即可。

❽ 盛盤即可食用。

 TIPS

★百香果粒要濾出，避免影響口感。

甜菜毛豆凍

材料

毛豆	250g
甜菜根	180g
洋菜	20g

調味料

水	600g
味醂	20g

作法

❶ 川燙毛豆後撈起備用。

❷ 洋菜切段撥碎,加入水,煮開備用。

❸ 甜菜根去除頭尾,削皮切片。

❹ 將毛豆、甜菜根、洋菜水放入調理機攪打。

❺ 過篩後加入味醂續煮,放涼備用。

❻ 放入模具,冷藏至成形即可。

 TIPS

★ 模具不可以有油。

61

🌱 甜菜堅果沙拉

材料

蘿蔓	120g	綜合堅果	200g
綠捲鬚	10g	果乾	20g
紅捲鬚	15g	枸杞	5g
甜菜根	180g	小金桔	1 顆
杏桃乾	15g	薄荷	5g

調味料

梅林辣醬油	1T
橄欖油	2T
果醋	1T

作法

❶ 將蘿蔓、綠捲鬚、紅捲鬚、小金桔、薄荷洗淨冰鎮。

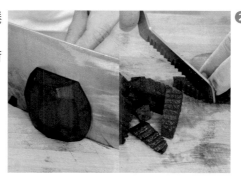
❷ 甜菜根去除頭尾,削皮切塊。

❸ 蘿蔓去除尾部,切小段擺盤。

❹ 放上綠捲鬚、紅捲鬚,擺上甜菜根。

❺ 杏桃乾切小後撒上;腰果拍碎,與綜合堅果、果乾、枸杞一併撒上。

❻ 小金桔切片,混合梅林辣醬油、橄欖油、果醋。

❼ 淋上調好的酒醋汁,放上薄荷即可食用。

 TIPS

★ 油醋汁要充分拌勻,小金桔切片後也要將汁擠入。

栗子濃湯

材料

水	600g
栗子	300g
素火腿	60g

調味料

白醬	200g
巴西利葉	20g

作法

★ 請見 P.25 白醬製作方法。

❶ 將栗子蒸熟，火腿切丁，起油鍋將火腿煎香。

❷ 鍋子加水，加入白醬攪散。

❸ 將栗子、白醬以調理機攪碎。

❹ 取鍋子倒入加熱，盛盤放入適量素火腿、巴西利葉即可食用。

 TIPS

★ 栗子務必蒸熟後再加入調理機攪碎。

羅宋湯

材料

薑	40g	玉米筍	60g
馬鈴薯	200g	素火腿	180g
玉米	200g	松子	100g
牛番茄	200g	茴香	30g
高麗菜	300g		

調味料

奶油	200g
水	1250g
番茄醬	200g

作法

❶ 高麗菜洗淨切片，馬鈴薯削皮切塊。

┌─────────────────────────┐
🍽 **TIPS**

★馬鈴薯務必用奶油香煎，才好燉湯。
└─────────────────────────┘

❷ 牛番茄洗淨切塊，玉米筍切段，玉米切塊。

❸ 薑拍碎；乾炒松子，上色後倒出備用。

❹ 以奶油爆香薑，馬鈴薯香煎，加入玉米，倒入深鍋中，加入水。

❺ 另起鍋翻炒番茄醬及番茄，再倒入深鍋，加入高麗菜、玉米筍，以大火燉煮。

❻ 素火腿切塊以油鍋炒香，將火腿撈起，油倒入深鍋中，轉中火熬煮30分鐘。

❼ 最後撒上松子、茴香即可食用。

紅麴醬煎素麵腸

材料

素麵腸	260g
薑	30g

調味料

紅麴濃縮汁	60g
味醂	2T
橄欖油	2T
義大利香料	適量

作法

❶ 素麵腸切塊。

❷ 薑刨成細末;混合紅麴濃縮汁、薑末、味醂。

❸ 醃料淋上素麵腸抓醃。

❹ 起油鍋煎香至表面金黃即可。

❺ 盛盤裝飾,表面撒上適量義大利香料即可食用。

 TIPS

★主材料也可採用干貝製作,製作前需先醃製一晚,之後再起熱鍋煎至金黃酥脆。

翠玉香蕉捲

材料

半圓豆皮	3 張
香蕉	2 根
紅蘿蔔	30g
小黃瓜	30g

調味料

酥炸粉	200g
麵糊	適量
酥炸粉漿	適量
油	1T
糖	1T
杏仁角粒	300g
太白粉	100g
水	350g

作法

❶ 小紅蘿蔔切條，
小黃瓜切條。

❷ 先川燙小紅蘿蔔，熟一點後加入小黃瓜，撈起後沖涼
擦乾。

❸ 香蕉去皮剝成
三條。

❹ 半圓豆皮對切，依序放入香蕉、紅
蘿蔔、小黃瓜，抹上麵糊捲起。

❺ 酥炸粉加入油、糖、水，混合杏仁角粒、太白粉鋪平。

❻ 香蕉捲滾上酥炸
粉漿，再沾取適
量步驟 5 麵衣。

❼ 以 油 溫 180 度
炸至金黃熟成
即可。

 TIPS

★ 需趁熱食用，香氣逼人。

生菜燒餅

材料

盒裝燒餅	3 個
西生菜	半粒
紫高麗菜	60g
小番茄	6 粒
蘋果	1 顆
苜蓿芽	120g

調味料

蔓越莓果醬	120g
芥末醬	1 條

作法

❶ 燒餅以上下火 200 度烤至上色。

❷ 蘋果削皮切片,西生菜切片,紫高麗菜切絲。

❸ 小番茄切片。

❹ 燒餅對切,放上西生菜、紫高麗菜、蔓越莓果醬、小番茄、蘋果片、苜蓿芽,擠上芥末醬,最後蓋上半片燒餅。

❺ 對切即可食用。

 TIPS

★ 不喜歡芥末醬可改成搭配其他醬料。

山藥乳酪佐薄荷冰淇淋

材料		調味料	
寒天	15g	水	200g
山藥	200g	鮮奶	300g
胚芽米	300g	糖	180g
薄荷冰淇淋	50g		

作法

❶ 胚芽米煮熟備用；山藥去皮，切片泡水。

❷ 寒天切斷剝碎，加水燉煮，加入鮮奶、糖。

❸ 將山藥、寒天糊、胚芽米以調理機打碎過篩，隔水加熱。

❹ 倒入模具，冷藏至成形。

❺ 盛盤，頂端放上薄荷冰淇淋即可食用。

 TIPS

★可以多準備一些冷藏，食用時再脫模盛盤。

🍳🥛 栗子盅

材料		調味料	
五穀米	200g	奶油	60g
山藥	180g	水	200g
鮮栗子	200g	白醬	200g
紅甜椒	190g	披薩乳酪絲	少許
黃甜椒	190g	沙拉醬	1 條
綜合果乾	120g		

作法

★ 請見 P.25 白醬製作方法。

❶ 栗子、五穀米蒸熟備用；山藥削皮，切段泡水。

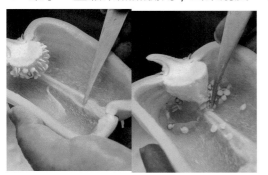

> 📷 **TIPS**
>
> ★ 果乾食用時才撒上，
> 用以保持風味。

❷ 紅黃甜椒對切，去籽去梗。

❸ 以奶油熱鍋，加入五穀米、山藥、栗子、水、白醬燉煮。

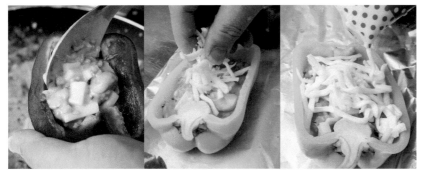

❹ 回填至甜椒容器中，撒上適量披薩乳酪絲，擠上沙拉醬。

❺ 入爐烘烤，以上下火 200 度烤至上色。

❻ 盛盤，撒上綜合果乾即可食用。

黃金炒飯

材料

薑黃	15g
素料	50g
胚芽糙米	250g
紅甜椒	100g
茴香	10g

調味料

奶油	20g
咖哩粉	1T
鹽	2T
義大利香料	1T

作法

❶ 素料煎熟切末。

❷ 胚芽泡開煮成糙米飯。

❸ 薑切末，茴香切末，紅甜椒切末。

❹ 奶油熱鍋，先將薑炒香，放入素料、胚芽飯、紅甜椒、咖哩粉翻炒均勻，加入鹽、義大利香料、茴香葉拌炒。

❺ 盛盤裝飾，即可食用。

 TIPS

★胚芽米要充分泡開。

◐ 🥛 韓式辣炒年糕

材料
薑	15g
素火腿	180g
年糕條	300g
紫高麗菜	200g

調味料
韓式醬料	6T
水	600g
味醂	2T
白芝麻	適量

作法

❶ 年糕煮軟備用；薑切末，素火腿切段。

❷ 紫高麗菜切段。

❸ 起油鍋爆香薑，加入素火腿、韓式醬料、水，轉小火煮，加入年糕、紫高麗菜、味醂煮至濃稠。

❹ 盛盤後撒上白芝麻即可食用。

🍽 TIPS

★韓式年糕需先用水充分煮軟，再加入醬料烹煮。

⬤ 🥛 銀絲捲沙拉

材料

銀絲捲	2 條
馬鈴薯	2 顆
素料	100g
綜合堅果	80g
果仁	少許
沙拉醬	1 條
苜蓿芽	少許

作法

❶ 馬鈴薯削皮切片，蒸熟備用。

❷ 素料切丁，堅果拍碎。

❸ 以油溫 160 度炸銀絲捲，炸至食材表面呈現金黃色即可。

❹ 馬鈴薯捏碎，加入素料、綜合堅果、果仁、適量沙拉醬混合均勻。

❺ 銀絲捲切半，加入沙拉、苜蓿芽，擠上適量沙拉醬。

❻ 盛盤即可食用。

 TIPS

★ 銀絲捲需熱油快炸，炸至表面金黃即可。

82

熱狗堡

材料

大亨堡	1 個
蘿蔓	1500g
小番茄	30g
素熱狗	2 條
小黃瓜	1 條
白橄欖	100g

調味料

黃芥末醬	適量

作法

❶ 熱狗炸香備用。

❷ 小黃瓜切片,蘿蔓切段。

❸ 白橄欖對切,熱狗中間劃一刀痕(不可切斷),小番茄對切。

❹ 大亨堡烤至酥脆。

❺ 將蘿蔓、小番茄、素熱狗、小黃瓜、白橄欖依序放上大亨堡,擠上適量黃芥末醬即可食用。

🍴 TIPS

★在素熱狗中間切刀痕,此方式不只可加速炸透,也可以在擺盤時夾入小黃瓜片。

85

越式春蔬捲

材料

越式春捲皮	3 張
香蕉	1 根
奇異果	1 顆
栗子	20g
果仁	60g

調味料

味醂	1T

作法

❶ 奇異果去皮切段，栗子蒸熟切半。

❷ 香蕉從中間撥成三瓣。

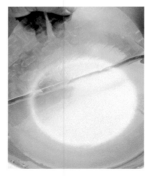

❸ 越式春捲泡水，3 秒後立刻拿起鋪平。

❹ 將香蕉、奇異果、栗子、果仁依序擺上，捲起。

❺ 佐以味醂即可食用。

🍴 TIPS

★ 越式春捲過水即可，不可泡太久。
★ 需用食用水泡製，不可用生水。

⬤🥛 義式烤節瓜

材料		調味料	
薑	80g	奶油	60g
黃節瓜	1 條	白醬	200g
綠節瓜	1 條	水	200g
素料	200g	鹽	1t
小黃瓜	30g	味醂	2T
紅蘿蔔	60g	披薩乳酪絲	適量
		起士片	2 片
		起士粉	適量

★請見 P.25 白醬製作方法。

> 🍽 TIPS
>
> ★挖空節瓜時底部不可破損，如此才能放入醬汁烘烤。

作法

❶ 將黃節瓜、綠節瓜對切，中間挖空。

❷ 節瓜肉切碎。

❸ 素料切丁，小黃瓜、紅蘿蔔、薑切末。

❹ 奶油熱鍋，加入薑末、雙色節瓜末、素料、白醬翻炒均勻，加入水、鹽、味醂拌勻，加入小黃瓜末、紅蘿蔔末翻炒均勻。

❺ 將內餡放入雙色節瓜容器，鋪上披薩乳酪絲、起士片。

❻ 入爐烘烤，以上下火 200 度烤至表面金黃。

❼ 出爐撒上起士粉即可食用。

89

日式碳烤茄子

材料

素茶鵝	200g
日本圓茄	1 根
紅甜椒	40g
黃甜椒	40g

調味料

奶油	適量
白醬	200g
水	200g
鹽	1T
披薩乳酪絲	40g

作法

★ 請見 P.25 白醬製作方法。

❶ 茄子對切挖出果肉,將果肉切碎。

❷ 將紅黃甜椒切丁,素茶鵝切丁。

❸ 奶油熱鍋,放入素茶鵝、茄肉、白醬、水翻炒均勻,加入鹽、紅黃甜椒拌炒。

❹ 回填至茄子容器,鋪上披薩乳酪絲。

❺ 入爐烘烤,以上下火 220 度烤至表面金黃即可。

 TIPS

★ 烹煮醬汁時須將水分收乾。

🥛 焗柿子鑲玉米片

材料

秋柿	2 粒
苜蓿芽	適量
綜合果乾	30g
杏桃	適量

調味料

植物性鮮奶油	40g
起士片	2 片
披薩乳酪絲	適量
綜合玉米片	4T

作法

❶ 杏桃切段，起士切片。

❷ 起油鍋倒入植物性鮮奶油，放入綜合果乾、杏桃。

❸ 秋柿切鋸齒狀，果肉挖出，中心填上苜蓿芽，倒入步驟 2 餡料，放上起士片、披薩乳酪絲。

❹ 入爐烘烤，以上下火 180 度，烤 20 分鐘至軟透即可。

❺ 盛盤，表面撒上綜合玉米片即可食用。

 TIPS

★ 如果柿子較大，烘烤時間亦須增加。

消化芋泥冰淇淋

材料

芋頭	300g	巧克力薄荷冰淇淋	60g
蜂蜜	10g	綜合果乾	適量
植物性鮮奶油	50g	薄荷	3g
消化餅乾	2 塊		

作法

❶ 芋頭洗淨去皮，切片蒸熟後壓碎過篩，與蜂蜜、植物性鮮奶油拌勻，放入擠花袋備用。

❷ 綜合果乾切碎，消化餅乾壓碎。

❸ 以碎消化餅乾鋪底，放上一球巧克力薄荷冰淇淋，擠上芋頭花，撒上綜合果乾，放上薄荷葉。

❹ 盛盤裝飾，即可食用。

 TIPS

★拌勻後須先冷藏，待需要時再取出擠花。

經典中式

三色糕

材料

芋頭	180g
地瓜	150g
披薩乳酪絲	200g
葡萄乾	60g
枸杞	20g
地瓜粉	300g

調味料

鹽	1T
糖	3T

作法

❶ 地瓜、芋頭切絲加鹽抓軟，加入糖混合均勻，感覺出水後混合披薩乳酪絲、葡萄乾、枸杞，最後加入地瓜粉，混合均勻。

❷ 模具鋪上保鮮膜，放入餡料，約蒸 40 分鐘蒸至熟成，出爐後放涼，切成片狀即可食用。

 TIPS

★ 需放冷時才可切置擺盤。

白果鑲豆腐

材料

板豆腐	2 塊	芹菜	60g
薑	30g	紅蘿蔔	80g
荸薺	80g	青豆仁	6 顆
素火腿	150g		
白果	120g		

調味料

鹽	2T
白胡椒粉	1T
香油	2T
太白粉	2T
太白粉水	3T

作法

① 白果一部分洗淨切半，一部分拍碎切末；芹菜切末，荸薺切末，薑切末，素火腿切末，紅蘿蔔切片，板豆腐去除兩側硬邊，中間切四刀挖空。

② 挖出的豆腐壓成豆腐泥；將紅蘿蔔、白果分別燙熟。

③ 豆腐泥加入薑末、荸薺、素火腿、白果末、芹菜拌勻，加入鹽、胡椒粉、香油拌勻，最後與太白粉混合均勻，回填至豆腐容器。

④ 輕輕放上白果、紅蘿蔔、青豆仁裝飾。

⑤ 以大火蒸熟後盛盤，淋上煮過的太白粉水增添光澤，即可食用。

 TIPS

★ 白果要用熱水川燙去除苦味。

⊙🥛 角椒素肉

材料

牛角椒	180g
素肉漿	150g
豆包	1 塊
芹菜	20g
中薑	40g
紅辣椒	20g
豆鼓	10g
水	200g

醃料

鹽	1t
胡椒粉	½T
糖	1t
太白粉	1t

調味料

醬油	2T
醬油膏	1t
糖	1t

作法

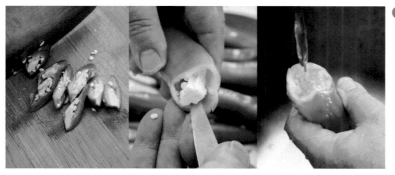

❶ 辣椒切段，牛角椒切開蒂頭，去籽洗淨。

❷ 素肉漿、豆包剁碎，芹菜、薑切末，加入鹽、胡椒粉、糖混合均勻，加入太白粉抓醃，裝入袋子，剪一刀備用。

❸ 擠入牛角椒容器，以筷子將料壓深，反覆擠壓至牛角椒填滿，滾上太白粉。

❹ 以油溫 180 度炸至金黃熟成。

❺ 起油鍋爆香少許薑，加入豆鼓、醬油膏，放入牛角椒、水、醬油、辣椒轉小火燉煮，加入糖後燒 3 分鐘，起鍋即可食用。

 TIPS

★ 油炸時需熱油快炸，才能保持外表完整。

 醬燒烤麩

材料		調味料	
薑	30g	番茄醬	1T
乾香菇	6朵	醬油	3T
紅蘿蔔	80g	水	800g
紅辣椒	20g	糖	1T
烤麩	10粒	胡椒粉	1T
小黃瓜	60g	太白粉水	1½T
芹菜	20g		

作法

❶ 紅蘿蔔去皮切塊，香菇泡開去蒂切塊，小黃瓜切塊，薑切末，辣椒切半，去籽切片，芹菜切末，烤麩切塊。

> **TIPS**
>
> ★ 烤麩要冷油慢炸到酥。

❷ 川燙紅蘿蔔，烤麩以 60 度炸至金黃。

❸ 起油鍋爆香薑末、香菇，加入番茄醬、紅蘿蔔、辣椒、醬油翻炒，加入烤麩、水，轉小火滾煮 10~20 分鐘，讓烤麩入味。

❹ 小黃瓜以油溫 120 度過熱油略炸；烤麩入味後放入糖、胡椒粉、太白粉水拌炒，加入小黃瓜、芹菜翻炒，盛盤即可食用。

鴻喜素排

材料

素肉漿	180g
荸薺	20g
豆腐	20g
薑	20g
芹菜	20g

醃料

麵粉	2T
胡椒粉	1t
香油	1T
糖	1T
鹽	½T
義大利香料	少許
蛋	1 顆
太白粉	2T

麵衣

麵包粉	300g
太白粉	180g
酥炸粉漿	100g

作法

① 素肉漿剁碎,荸薺拍扁切碎(緊捏去除水份),芹菜切末,薑切末,豆腐去除硬邊,加入麵粉、胡椒粉、香油、糖、鹽、義大利香料混勻,加入蛋、太白粉混合均勻後冷藏 20 分鐘。

② 手先抹油,素排取適量壓平,以大火蒸熟。(蒸具需先鋪保鮮膜)

③ 將麵包粉、太白粉混合均勻;素肉片沾取酥炸粉漿,滾上麵衣粉類,冷凍 30 分鐘。

④ 以油溫 160 度炸至金黃熟成,佐以配料即可食用。(配料可自由搭配,鴻喜素排亦可酥炸直接食用)

TIPS

★ 素排要蒸熟後放涼,再沾裹麵包粉炸酥。

茄汁鮑菇捲

材料		調味料	
鮑魚菇	10 朵	太白粉	適量
青豆仁	20g	水	200g
薑	20g	番茄醬	3T
鳳梨片	2 片	糖	1½T

作法

❶ 鮑魚菇川燙至熟，沖涼備用，鳳梨切小丁，薑切碎；鮑魚菇去除蒂頭，橫切十字花刀，擠乾水份，沾上太白粉，捲起以牙籤固定。

❷ 以油溫 180 度炸至金黃熟成，將牙籤取出。

❸ 以油溫 100 度略炸青豆仁。

❹ 起油鍋爆香薑，加入番茄醬、鳳梨片、水、糖、青豆仁。

❺ 盛盤後淋上醬汁即可食用。

TIPS

★ 沾麵粉要充分沾上鮑魚菇，炸時才會酥脆。

紅燒冬瓜封

材料

冬瓜	300g
素火腿	100g

調味料

醬油	8T
水	800g
胡椒粉	1T
糖	4T
辣豆瓣醬	1T
太白粉水	1T

TIPS

★ 炸冬瓜油溫要大火熱油，
　才能炸透。

作法

① 冬瓜去皮，切十字花刀，浸入醬油 4T。

② 素火腿去皮，皮以油溫 180 度炸至金黃。

③ 以油溫 180 度炸冬瓜至表面金黃。

④ 冬瓜再切深十字花刀（不可切斷），火腿皮對切。

⑤ 起油鍋，加入醬油 4T、水、胡椒粉、糖煮滾，放入冬瓜、辣豆瓣醬；將以上材料（醬料、冬瓜）和素火腿以大火蒸熟。

⑥ 取出後加熱醬汁，加入太白粉水勾芡。

⑦ 盛盤冬瓜、素肉，淋上醬汁即可食用。（盤飾可自由發揮）

糖醋咕咾肉

材料		麵衣		調味料	
油條	2 條	酥炸粉漿	100g	水	150g
芋頭	200g			番茄醬	5T
番茄	兩顆			糖	2T
玉米筍	6 條				
百香果	1 顆				
小黃瓜	20g				

TIPS

★ 沒有油條亦可用豆皮替代。

作法

❶ 芋頭、玉米筍切條，番茄、小黃瓜切塊；油條切段兩瓣撥開，以筷子捅直中間，放入芋頭條。

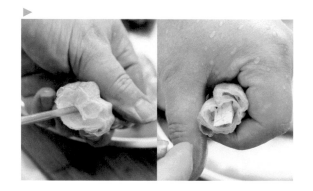

❷ 油條先滾上酥炸粉漿，以油溫 180 度炸至金黃；以油溫 60 度炸小黃瓜、玉米筍。

❸ 起油鍋加入番茄醬、水、番茄翻炒均勻，加入糖翻炒均勻，加入百香果肉、小黃瓜、玉米筍翻炒均勻。

❹ 盛盤淋上醬汁即可食用。

紅燒素黃雀

材料

半圓豆皮	6 張
豆干	3 塊
紅蘿蔔	60g
竹筍	100g
薑	40g
芹菜	30g
乾香菇	4 朵
青豆仁	80g

調味料

水	200g
胡椒粉	1T
糖	1T
醬油	3T
辣椒	20g
太白粉水	2T

※ 調味料如有重複使用，使用份量各為標注之一半。

作法

❶ 紅蘿蔔 40g 切末，20g 切片，豆干片薄切末。

❷ 香菇泡開去蒂切末，竹筍切末，薑切末，芹菜切末。

❸ 起油鍋爆香薑、香菇、豆干末拌炒均勻，加入紅蘿蔔末、竹筍末拌炒，加入醬油、糖、胡椒粉拌炒均勻，最後加入芹菜。

❹ 半圓豆皮對切，包入餡料捲起打結。

❺ 以油溫 160 度炸至金黃熟成。

❻ 起油鍋下紅蘿蔔片、辣椒、醬油、水、糖、胡椒粉，以大火滾煮，放下炸黃雀，加入青豆仁、太白粉水勾芡。

❼ 盛盤即可食用。

🍽 TIPS

★ 半圓豆皮綁時兩邊要有翅膀，才能稱為黃雀。

五味茄餅

材料

板豆腐	2 塊
素火腿	60g
茄子	2 條
荸薺	40g
中薑	40g
芹菜	30g

麵衣

酥炸粉漿	100g

調味料

糖	1T
鹽	少許
胡椒粉	1T
香油	2T
紅辣椒	20g
新鮮巴西利葉	少許
番茄醬	3T
醬油膏	2T

> ※ 調味料如有重複使用，使用份量各為標注之一半。

作法

❶ 茄子切雙飛刀夾，板豆腐去硬邊，荸薺切碎，素火腿切末。

❷ 辣椒切半，去籽切末，巴西利葉切末，芹菜切末，薑切末。

❸ 抓醃板豆腐、素火腿、荸薺、糖、鹽、胡椒粉、香油，抓碎混合均勻。

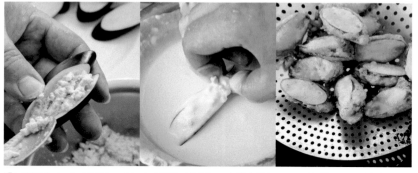

❹ 茄子夾入餡料，滾上酥炸粉漿，以油溫 180 度炸至金黃熟成。

❺ 將薑、辣椒、巴西利葉、芹菜混合均勻，加入糖、番茄醬、醬油膏、香油即成醬汁。

❻ 盛盤炸茄子，淋上醬汁即可食用。

 TIPS

★沾炸時動作要快速確實。

凉拌茄子

材料

茄子	2 條
薑	60g
紅辣椒	60g
芹菜	10g
巴西利葉	20g

調味料

番茄醬	2T
香油	1T
糖	2T
醬油膏	1T
醬油	2T
淨水	少許

作法

❶ 茄子去蒂對切，蒸熟放涼。

❷ 辣椒、芹菜切末，巴西利葉切碎，薑切碎。

❸ 將薑、辣椒、芹菜、番茄醬、香油、糖、醬油膏、醬油、巴西利葉混勻，加少許淨水調整濃稠度。

❹ 茄子撥開切段，擺盤後淋上醬汁即可食用。

 TIPS

★ 蒸時需大火蒸熟，顏色才會鮮豔。

◉ 🥛 醬燒金菇

材料		麵衣		調味料	
金針菇	2 把	麵糊	200g	番茄醬	1T
素料	180g	太白粉	30g	醬油膏	2T
紫菜	2 張			巴西利葉	10g
薑	80g				
紅辣椒	20g				
芹菜	40g				

作法

❶ 紫菜剪片，素料切條。

❷ 金針菇鋪平放上素料，抹上適量麵糊捲起紫菜條。

❸ 撒上太白粉，以油溫 80 度炸至金黃熟成，盛盤。

📠 **TIPS**

★ 金針菇需充分沾上乾粉炸至酥脆。
---

❹ 辣椒切半，去籽切碎，芹菜切末，薑切末，巴西利葉切末。

❺ 起油鍋爆香薑、辣椒，加入番茄醬、醬油膏翻炒，加入芹菜、巴西利葉翻炒。

❻ 淋上醬汁即可食用。

花生雙脆

材料

半圓豆皮	3 張
紫菜	3 張
薑	20g
紅辣椒	20g
芹菜	30g
花生	30g

麵衣

麵糊	300g
太白粉	3T

調味料

醬油	2T
醬油膏	2T
糖	1T
水	100g

作法

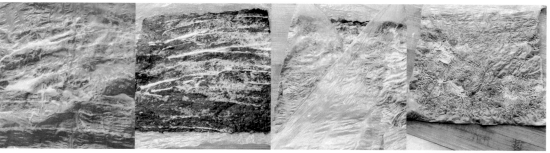

❶ 半圓豆皮抹上麵糊，放上紫菜摺成正方形。

❷ 辣椒切末，芹菜切末，薑切末。

❸ 豆皮捲起剪條，抓上適量太白粉，以油溫180度炸至金黃熟成。（即為小魚乾）

❹ 起油鍋爆香薑、辣椒，加入醬油、醬油膏、糖、水、加入小魚乾、芹菜、花生翻炒均勻。

❺ 盛盤即可食用。

 TIPS

★ 醬汁調好時再將炸好的素雙脆放入拌勻即可。

素烤方

材料

半圓豆皮	3 張
紫菜	3 張
金針菇	1 把
大豆干	2 塊
素火腿	80g
乾香菇	6 朵
竹筍	200g
芹菜	20g

麵衣

麵糊	300g
麵粉	適量
酥炸粉漿	適量

調味料

醬油膏	2T
胡椒粉	1T

作法

❶ 豆干切條，香菇泡開去蒂切條，金針菇切半，竹筍切條，素火腿切條，芹菜切段。

❷ 起油鍋爆香香菇、豆干，加入素火腿、筍絲拌炒，加入醬油膏、胡椒粉、金針菇、芹菜。

❸ 半圓豆皮抹上麵糊，貼上紫菜放素料，紫菜抹適量麵糊蓋上，再刷一層麵糊收口；兩面滾上麵粉，沾上酥炸粉漿。

❹ 以油溫 180 度炸至金黃熟成，起鍋後切成可食用大小，即可食用。

 TIPS

★ 兩面皆須沾裹上酥脆粉漿入炸。

脆膳

材料			調味料	
大乾香菇	8 朵		太白粉	6T
薑	80g		番茄醬	1T
芹菜	20g		糖	1T
			醬油	2T
			紅辣椒	1 條
			巴西利葉	10g

作法

❶ 香菇泡開去蒂,以剪刀剪成一條。

❷ 辣椒切末,芹菜切末,薑切末,巴西利葉切末。

❸ 香菇條抓太白粉,以油溫 180 度炸至金黃。

❹ 起油鍋爆香薑,加入芹菜、番茄醬、糖、醬油、辣椒、脆鱔、巴西利葉翻炒均勻。
❺ 盛盤即可食用。

 TIPS
_____

★ 乾香菇水分須充分擠乾,再裹上乾粉炸至酥脆。

素香腰花

材料		調味料	
大乾香菇	12 朵	醬油	1T
薑	30g	水	200g
紅蘿蔔	30g	糖	1T
黃甜椒	40g	胡椒粉	1T
豌豆	30g		
芹菜	30g		
太白粉	5T		

作法

① 豌豆去絲,紅蘿蔔切片,黃甜椒切條,薑切丁,芹菜切末。

② 香菇泡開去蒂,切十字花刀捲起,以牙籤固定抓上太白粉。

③ 香菇捲以油溫 180 度炸至金黃,以油溫 60 度略炸豌豆,香菇捲牙籤拔起。

④ 起油鍋爆香薑,加入紅蘿蔔、醬油、水、糖、胡椒粉翻炒,加入炸香菇、黃甜椒、豌豆、芹菜翻炒均勻。

⑤ 盛盤即可食用。

 TIPS

★ 需選用大朵香菇才好切割製作。

酥炸三絲豆包捲

材料

生豆包	3 片
紅甜椒	60g
黃甜椒	60g
素火腿	120g
金針菇	1 包
芹菜	80g

麵衣

酥炸粉漿	300g

調味料

番茄醬	適量

🍴 TIPS

★ 顏色需求可以自行變化。

作法

❶ 紅甜椒、黃甜椒切條，火腿切條，金針菇切條，芹菜切段。

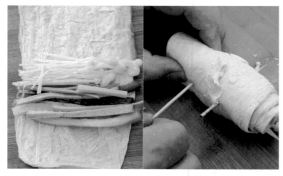

❷ 豆包攤開，放入紅甜椒、黃甜椒、素火腿、金針菇、芹菜後捲起，以牙籤固定。

❸ 沾上酥炸粉漿，以油溫 160 度炸至金黃熟成；取出牙籤後切成一口大小，搭配番茄醬即可食用。

五柳豆包素魚

材料

豆包	8 片
薑	60g
芹菜	60g
金針菇	60g
半圓豆皮	3 張
紫菜	3 張
素火腿	20g
乾香菇	5 朵
竹筍	120g
紅甜椒	30g
黃甜椒	30g
小黃瓜	30g

麵衣

麵糊	100g
太白粉	適量

調味料

鹽	2T
糖	1T
胡椒粉	1T
香油	1T
太白粉	3T
醬油	1T
醬油膏	2T
太白粉水	1T
烏醋	2T

TIPS

★半圓豆皮尾部可稍留長一點，當作尾巴。

作法

❶ 豆包、薑、芹菜切末，金針菇 30g 切末備用，混合糖、鹽、胡椒粉、香油，最後加入太白粉混合均勻。（此為餡料）

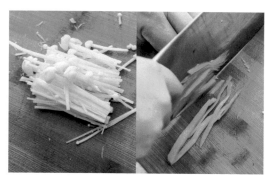

❷ 香菇泡開切條，竹筍切絲，金針菇 30g 切段，紅黃甜椒切段，小黃瓜切條，素火腿切條。

❸ 半圓豆皮抹上麵糊，放上紫菜、餡料沾上麵糊捲起，蒸 15~20 分鐘至熟。

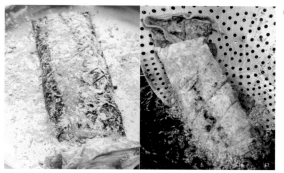

❹ 豆包劃刀沾上太白粉，以油溫 180 度炸至金黃，盛盤。

❻ 炸豆包魚淋上醬汁，即可食用。

❺ 起油鍋加入素火腿、香菇、竹筍翻炒均勻，加入醬油、醬油膏，以大火翻炒，加入糖、金針菇翻炒，加入紅黃甜椒翻炒均勻，最後以太白粉水勾芡，加入小黃瓜、烏醋拌炒。

◐◑ 素春捲

材料		麵衣	
春捲皮	8 張	麵糊	200g
薑	50g		
素火腿	50g	調味料	
紅蘿蔔	50g		
乾香菇	50g	糖	½T
豆干	3 塊	醬油	1T
竹筍	120g	醬油膏	1T
金針菇	1 包	茴香葉	少許

TIPS

★ 溫冷油時便可置入,如此才能油炸酥脆。

作法

❶ 金針菇切段,豆干、紅蘿蔔切條,竹筍、薑切絲,香菇泡開去蒂切條,素火腿切條,茴香葉切碎。

❷ 起油鍋爆香薑,加入素火腿、紅蘿蔔、香菇翻炒均勻,加入豆干、竹筍拌炒,加入糖、醬油、醬油膏混合均勻,加入金針菇、茴香葉,起鍋後放涼備用。

❹ 以油溫160度炸至金黃熟成,切至可入口大小,即可食用。

❸ 素料放上春捲皮,捲起抹上麵糊收口。

132

香菇獅子頭

材料		醃料		調味料	
板豆腐	2 塊	胡椒粉	1½T	番茄醬	1T
荸薺	80g	糖	1½T	醬油	3T
芹菜	30g	鹽	½T	太白粉水	1T
薑	30g	沙拉油	1T	鹽	½T
紅蘿蔔	80g	麵粉	2T	胡椒粉	½T
高麗菜	250g				
乾香菇	80g				
辣椒	30g				

作法

① 板豆腐去除兩側硬邊，荸薺壓扁切碎。

② 香菇泡開去蒂切片，紅蘿蔔去皮切塊。

③ 辣椒切半，去籽切片，薑切末，芹菜部分切末（抓醃豆腐用），部分切段，高麗菜切半切段。

④ 豆腐以胡椒粉、糖、鹽、沙拉油捏碎抓醃，加入荸薺、芹菜、麵粉，混合均勻。

⑤ 手與湯匙先抹油，以虎口擠出漿料，再以湯匙挖出放入油炸，油溫約160度，炸至金黃熟透。

⑥ 起油鍋爆香薑、香菇，加入番茄醬、高麗菜、醬油，以小火燉30分鐘，再加入紅蘿蔔、鹽、胡椒粉、炸豆腐翻炒均勻，加入辣椒、芹菜、太白粉水勾芡。

🍽 TIPS

★豆腐拌好要馬上炸成獅子頭不然會出水。

美味
點心

豆茸涼糕

TIPS

★ 過篩可使豆茸更細緻，對產品外觀與口感皆有加分效果。

材料 A

綠豆仁	150g
水	750g
白糖	170g

材料 B

洋菜	1/4 小段
水	620g

材料 C

白糖	60g
果凍粉	30g

作法

❶ 綠豆仁洗淨，加 750g 水拌勻，放入電鍋蒸 20 分鐘。(外鍋放入 1 杯半的水)

❷ 電鍋開關跳起，燜 5 分鐘，趁熱加入 170g 白糖，以調理機攪碎成泥狀。

❸ 洋菜剪碎，加入 620g 開水煮溶，將果凍粉與 60g 白糖混勻，再倒入煮化的材料 B 裡拌勻溶化。

❹ 將步驟 3 趁熱倒入調理機，與綠豆泥充分攪打，均勻過篩。

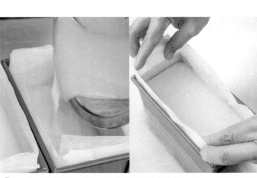

❺ 充分攪勻後盛入鋪紙長盤內，抹平放涼，移入冰箱冷藏至成形，食用時取出切小塊即可。

紅豆椰茸涼糕

材料

圓糯米	500g
細砂糖	50g
紅豆沙	200g
椰子粉	100g
水	500g

作法

❶ 圓糯米洗淨，加入 500g 水浸泡 20 分鐘後，放入電鍋蒸熟。

❷ 取出後，趁熱加入細砂糖，以擀麵棍拌勻並稍作搗碎，均分成 4 等份。

❸ 取一張玻璃紙攤平，抹少許冷開水在紙上，鋪一層糯米飯後抹上紅豆沙，捲成圓筒狀裹上一層椰子粉，以玻璃紙包好，放入冰箱冷藏。

❹ 切成一口大小即可食用。

 TIPS

★ 成品請當天享用，放置過久或冰太久易造成澱粉老化影響口感。

桂圓紫米露

材料

黑糯米	250g
水	3750g
桂圓肉	20g
糖	450g
椰漿	1 罐

TIPS

★ 椰漿倒一半與紫米露混合，另一半淋上表面會比較香。

★ 這道甜品冷熱食皆可，但冰過後湯汁會因米粒脹開而減少，因此湯汁要多些，若太稠可酌量加入開水。

作法

❶ 黑糯米洗淨，加 15 杯水 (約 3750g) 浸泡 1 小時，然後放爐上燒開，再改小火煮 1 小時，然後熄火。

❷ 放置半小時，加入切碎的桂圓肉再開火煮至軟爛，並加糖調味。

❸ 煮化後加入椰漿拌勻，熄火即可食用。

香煎蘿蔔糕

米漿

在來米粉	310g
玉米粉	50g
澄粉	30g
香菇精	6g
砂糖	45g
胡椒粉	3g
冷水	500cc

材料 B

素火腿	30g
乾香菇	30g
沙拉油	10g
素蠔油	10g

材料 C

去皮白蘿蔔絲	850g
水	1300cc

作法

❶ 將在來米粉、玉米粉、澄粉混合，加入調味料拌勻，再加入 500cc 的冷水攪勻成米漿備用。

❷ 乾香菇泡開，將素火腿、香菇切丁，將材料 B 先炒香備用。

❸ 白蘿蔔絲先用配方外的水燙過，並瀝乾水分備用。

❹ 將 1300cc 的水煮開，把蘿蔔絲與炒香的 B 料倒入，煮軟後再將步驟 1 米漿倒入，立即熄火，淋入適量香油 (配方外) 攪拌均勻。（此為粉漿）

❺ 取一長方形耐熱容器，在容器內抹上一層香油，倒入攪拌後糊化均勻的粉漿，放入鍋中以大火蒸 40 分鐘，取出放涼。

❻ 蘿蔔糕切片，起油鍋以中火煎至兩面金黃，即可食用。

🍽 TIPS

★ 白蘿蔔絲先燙過會軟化，這樣在沖成糊狀時才會均勻的擴散，做出來的蘿蔔糕才會柔軟，好吃。

★ 剛蒸出來的蘿蔔糕，直接享用就能享受到蘿蔔糕最美的滋味。

★ 此配方可做 1000g*3 條的量。

竹筍地瓜包

餡料		餡料調味料		皮料	
乾素肉	50g	沙拉油	30g	去皮紅肉地瓜	160g
乾香菇	10g	胡椒粉	3g	糯米粉	150g
素火腿	30g	素蠔油	10g	在來米粉	20g
鮮竹筍	50g	五香粉	3g	熱開水	30cc
				沙拉油	20g

🍴 TIPS

★ 可取一小塊米漿糰用滾水煮熟加入揉合，可增加黏性較好操作。

餡料作法

❶ 素肉末泡水，軟化後將水分擠乾，
乾香菇泡開切丁。

❷ 鮮竹筍丁加水煮透，濾乾放涼，素
火腿切丁。

❸ 起油鍋炒香素肉末、
香菇、素火腿，加入
鮮筍丁拌炒均勻，加
入調味料拌炒入味，
放涼備用。

皮料作法

❶ 去皮紅肉地瓜切丁，以大火蒸
熟，趁熱搗成泥與糯米粉、在
來米粉拌合。

❷ 以 30cc 的熱水調整至軟硬適中。

❸ 平均分成 12 個麵糰，每個麵
糰約 30g。(手可抹上適量沙
拉油操作)

包餡熟成

❶ 將皮整成中間厚旁邊薄的碗形，包
入 25g 餡料，捏攏成圓形小包，收
口處朝下。

❷ 饅頭紙墊於底部，水煮沸後將竹筍
地瓜包放入蒸籠以中火蒸 8~10 分
鐘，出爐後刷油，即可食用。

素柳葉餃

燙麵皮

中筋麵粉	100g
鹽	1g
沸水	50g
冷水	20g
沙拉油	3g

餡料

薑	1/2t
五香豆干	30g
中型乾香菇	2 朵
荸薺	3 粒
鮮嫩筍	60g
青江菜	400g
雪裡紅	30g
洋菇	5 朵

調味料

砂糖	1t
素蠔油	1T
香菇精	1t
胡椒粉	1t
香油	1t
鹽	少許

沾醬

鎮江醋	適量
嫩薑絲	適量

燙麵皮作法

★請見 P.148《四喜彩蔬燒賣》燙麵及分割麵糰作法。

1. 中筋麵粉、鹽放鋼盆裡沖入 50g 沸水，用擀麵棍攪拌成許多小片狀。
2. 加入 20g 冷水與沙拉油，用手揉到光滑（有延展性），靜置鬆弛 10 分鐘。
3. 燙麵搓成長條，平均分成 16 個，逐一擀成圓形薄麵皮。

餡料作法

1. 將內餡材料分別洗淨，中型乾香菇泡開備用。

2. 香菇、五香豆干及荸薺切細丁，鮮筍煮熟去殼切細丁，薑切末。

3. 青江菜、洋菇一起放入滾水川燙，撈起以冷水沖涼，與雪裡紅切細丁，裝入紗布袋中擰乾備用。

4. 起油鍋爆香薑末，下豆干、香菇炒香，起鍋放涼備用。

5. 將所有材料與調味料混合均勻。

包餡熟成

1. 麵皮包入 25g 餡料，捏成月牙形。

2. 放入蒸籠，以大火蒸 10~12 分鐘，熟成即可搭配沾醬食用。

🍴 TIPS

★製作燙麵糰時可加入少許甜菜汁，淡淡的紅配上綠色餡料，營養又漂亮。

◐◑ 四喜彩蔬燒賣

燙麵皮

中筋麵粉	100g
鹽	1g
沸水	40g
冷水	20g
沙拉油	3g

餡料調味料

鹽	1t
砂糖	1t
香油	1T
胡椒粉	少許

餡料

素肉漿	100g
荸薺	20g
杏鮑菇	60g
青豆仁	30g
玉米粒	30g
鮮嫩筍	60g
紅蘿蔔	20g

裝飾

青江菜梗	少許
玉米粒	少許
紅甜椒	少許
乾香菇	少許

餡料作法

❶ 鮮嫩筍、紅蘿蔔切細丁煮熟備用；將餡料材料分別切細丁。（大約與青豆仁、玉米粒大小一致）

❷ 杏鮑菇細丁用小火炒香。

❸ 將素肉漿與所有餡料材料、調味料拌勻備用。

148

燙麵皮作法

❶ 中筋麵粉、鹽放鋼盆裡沖入 40g 沸水，用擀麵棍攪拌成許多小片狀。

❷ 加入 20g 冷水與沙拉油，用手揉到光滑（有延展性），靜置鬆弛 10 分鐘。

❸ 燙麵搓成長條狀，平均分成 12 個，逐一擀成圓形薄麵皮。（可搭配適量手粉操作）

包餡熟成

❶ 麵皮包入 25g 餡料，捏成四瓣花形。

❷ 乾香菇泡開，將裝飾材料分別切細末，裝飾於蒸餃頂端的 4 個花瓣凹洞中。

❸ 放入蒸籠，以大火蒸 10~12 分鐘，熟成即可食用。

🍽 TIPS

★ 燙麵水分含量高，蒸製時較容易熟透，且皮較不會乾硬。

蘿蔔絲酥餅

油皮		油酥	
中筋麵粉	130g	低筋麵粉	90g
糖粉	25g	植物性白油	40g
植物性白油	50g		
水	60g		

酥油皮作法

[油皮]

❶ 將所有油皮材料搓揉至光滑，裝塑膠袋裡鬆弛 20 分鐘，使筋性產生。

❷ 平均分成 12 個。

[油酥]

將油酥材料拌勻，稍作推搓使之有彈性，平均分成 12 個備用。

[組合酥油皮]

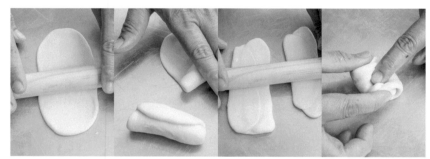

❶ 取一油皮拍扁包入油酥。

❷ 擀開捲起共兩次，放入塑膠袋鬆弛 15 分鐘。

餡料

素火腿	30g
乾香菇	30g
白蘿蔔	1000g
香椿素肉燥	30g

餡料調味料

鹽	2g
胡椒粉	2g
細砂糖	8g
香油	10g

餡料作法

❶ 乾香菇泡開，素火腿、香菇、蘿蔔切絲；蘿蔔絲用滾水川燙一下，撈起濾乾水份，冷卻後再用手擠乾。

❷ 素火腿絲、香菇絲先炒香，放入鋼盆加入香椿素肉燥、擠乾水分的蘿蔔絲、調味料，混合拌勻成內餡備用。

裝飾

果糖	10g
水	20g
生白芝麻	30g

🍴 TIPS

★ 燙好的蘿蔔絲水分擠得越乾越好操作。

包餡熟成

❶ 在擀好的酥皮內包入 25g 餡料，以大拇指、食指將酥皮捏攏，收口成圓形小包，收口需朝下，用手輕壓成圓扁的酥餅狀。

❷ 果糖、水混合備用；將餅排上烤盤，表面沾上果糖水、白芝麻，入爐烘烤，以上火 180 度 / 下火 170 度，烤約 20 分鐘後，打開烤箱將烤盤前後對調，再續烤 10 分鐘。

土豆絲捲餅

燙麵皮		餡料		調味料	
中筋麵粉	500g	馬鈴薯	3 顆	砂糖	1t
鹽	10g	乾香菇	3 朵	素蠔油	1T
沸水	250g	辣椒	1 支	香菇精	1t
冷水	125g			胡椒粉	1t
沙拉油	20g			香油	1t

🍽 TIPS

★ 燙麵水分含量高，蒸製時較容易熟透，且皮較不會乾硬。

★ 香菇爆香後為了保持馬鈴薯的脆度，要先熄火，再加入調味料，用熱拌方式混合。

燙麵皮作法

★請見 P.148《四喜彩蔬燒賣》燙麵及分割麵糰作法。

❶ 中筋麵粉、鹽放鋼盆裡沖入沸水，用擀麵棍攪拌成許多小片狀。

❷ 加入冷水與沙拉油，用手揉到光滑（有延展性），靜置鬆弛 20 分鐘。

❸ 燙麵搓成長條狀，平均分成 10 個。

餡料作法

❶ 馬鈴薯去皮，切細絲泡水。

❷ 乾香菇用水泡軟後，擠乾水分切細絲備用。

❸ 辣椒去籽切細絲。

❹ 起油鍋將香菇絲炒香，熄火；馬鈴薯絲川燙一下，撈起濾乾水份，放入炒香的香菇絲裡，加入辣椒絲、調味料拌勻即可。

熟製組合

❶ 瓦斯爐開小火，鍋子抹上一層薄薄的沙拉油。

❷ 取一份麵糰擀薄，用平底鍋快速的烙一下兩面。

❸ 將烙好的麵皮包捲餡料即可。

素紅麴肉圓

肉圓皮		餡料	
在來米粉	25g	乾香菇	5g
A 水	30g	素肉塊	50g
地瓜粉	74g	脆筍	40g
B 水	79g	素蠔油	15g
C 水	187g	鹽	1g
太白粉	123g	胡椒粉	5g
細砂糖	32g	糖	5g
鹽	3g	香油	5g
沙拉油	40g	太白粉	3g
紅麴醬	6g	沙拉油	8g
		紅麴醬	10g
		水	230g

餡料作法

❶ 素肉塊泡水軟化後擠乾水份,以 180 度油炸香。

❷ 乾香菇泡開,擠乾水份對半切開,以 180 度油炸香。

❸ 脆筍切塊泡水,川燙撈出。

❹ 將香菇、素肉塊、調味料翻炒均勻,加入脆筍、230g 的水,用小火滷到入味,湯汁收乾。

肉圓皮作法

❶ 在來米粉加 A 水，拌勻成在來米粉水備用。

❷ 地瓜粉加 B 水，拌勻成地瓜粉水備用。

❸ 將 C 水煮滾後關小火。

❹ 倒入在來米粉水，拌勻加熱成糊化透明狀（不可太久，以免麵糊過硬），稍拌，冷卻至 70 度。

❺ 倒入地瓜粉水拌勻。

❻ 冷卻至 40 度後倒入太白粉拌勻。

❼ 倒入細砂糖、鹽、沙拉油，拌勻至溶解。

❽ 倒入紅麴醬拌勻成濃稠膏狀，拌勻時注意不可過度攪拌，避免水分蒸發造成皮料麵糊過硬。（可用水調麵糊軟硬度）

包餡熟成　※ 蒸籠煮水備用。

❶ 小碟子抹香油。(可幫助蒸熟後的肉圓脫模)

❷ 底部先放入 50g 皮料麵糊打底，中間放上 25g 餡料，最後抹上 45g 皮料麵糊，將皮料麵糊抹成中間微凸狀。

❸ 水煮滾後再放上蒸籠，以中大火蒸 15 分鐘。

 TIPS

★ 需注意火力，火力會影響蒸熟時間。

玉米起士鬆餅

材料

低筋麵粉	150g	糖粉	120g
高筋麵粉	350g	鮮奶	250g
泡打粉	20g	起士片	10 片
無鹽奶油	120g	玉米粒	50g

裝飾

蛋黃液	適量

作法

❶ 將高筋、低筋麵粉、泡打粉過篩,加入無鹽奶油和糖粉用慢速攪拌均勻。

❷ 慢慢加入鮮奶打勻。(也可將粉類以壓折方式拌成糰)

❸ 將起士片沾適量高筋麵粉,切成小丁。(沾麵粉可使起士切時不沾黏)

❹ 起士丁與玉米粒一起拌入麵糰,裝入塑膠袋鬆弛 20 分鐘。

❺ 鬆弛後,擀平約 1.5 公分厚,以壓模壓出成形。

❻ 入爐前刷上蛋液。

❼ 入爐烘烤,以上火 180 度 / 下火 200 度,烤 20~25 分鐘即可。

🍴 TIPS

★ 麵團勿攪拌過久,避免出筋而影響口感。(也可築成粉牆用手以壓折方式拌成糰)
★ 玉米粒使用前須將水份瀝乾,較好操作。

157

🥚🥛 香蕉堅果杯子蛋糕

材料

香蕉	250g	低筋麵粉	225g
細砂糖	225g	小蘇打粉	5g
全蛋	100g	泡打粉	3g
動物性鮮奶油	95g	核桃	45g
橄欖油	55g	南瓜籽	50g

🍴 TIPS

★ 全蛋分次加入，每次要充分拌勻再加，可避免油水分離。

★ 用手輕壓蛋糕中心點，回彈不凹陷即可出爐。

158

預先準備動作

❶ 將動物性鮮奶油、橄欖油秤一起。

❷ 香蕉去皮切塊。

❸ 粉類混合過篩,備用。

作法

❶ 香蕉、細砂糖倒入攪拌機,以慢速打勻,調中高速打到泛白、微發。

❷ 調慢速,全蛋分三次加入。(加蛋時調慢速,再轉中高速打勻,以相同動作重複到加完蛋)

❸ 調中速,慢慢加入動物性鮮奶油、橄欖油打勻。

❹ 加入過篩粉類,用打蛋器拌勻,放入擠花袋備用。

❺ 模具放入紙襯,擠入麵糊(約 7~8 分滿),擺上核桃、南瓜籽。

❻ 入爐烘烤,以上下火 200 度,烤 10 分鐘後轉向再烤 20 分鐘,烤到熟即可。

堅果塔

塔皮材料		堅果材料		焦糖餡材料	
無鹽奶油	108g	核桃	70g	細砂糖	36g
植物性白油	78g	杏仁粒	40g	蜂蜜	44g
糖粉	90g	南瓜籽	40g	無鹽奶油	12g
鹽	1g	夏威夷豆	70g	動物性鮮奶油	20g
泡打粉	1g	葵瓜子	40g	鹽	2g
全蛋	78g	蔓越莓	40g		
低筋麵粉	308g				

塔皮作法

❶ 低筋麵粉過篩到工作檯，糖粉另外過篩，備用。

❷ 將無鹽奶油、植物性白油 (若一方較硬，需先打到跟另一個油軟硬度相同才能混在一起打)、糖粉、鹽，全部混合。

❸ 泡打粉加非常微量的水調溶，跟全蛋混合，分次倒入步驟 2，拌勻。(手要拱起來拌)

❹ 將低筋麵粉加入，用拌壓方式將粉混合到裡面。(不可用揉的，否則麵糰出筋，口感不佳)

❺ 麵糰一個分割 26g，放上模具整形，底部戳洞，室溫鬆弛 10~15 分鐘。

❻ 以上下火 180 度，烤 12 分鐘後轉向再烤 12 分鐘，烤至金黃出爐，待涼備用。

堅果焦糖餡、組合作法

❶ 堅果材料（除了蔓越莓）以上火 170 度 / 下火 140 度，烤 6~7 分鐘。

❷ 在烤堅果的同時，將焦糖餡所有材料放入醬汁鍋中，以小火煮至 120 度。

❸ 取出堅果材料，趁熱倒入焦糖餡中拌勻。

❹ 填入適量堅果焦糖餡到烤好的塔皮上。

❺ 以上火 180 度 / 下火 0 度，烤至焦糖上色，出爐。

🍴 TIPS

★ 焦糖冷卻不好操作，可在鋼盆底部隔熱水保溫。

★ 填餡料後烤至焦糖上色，口感較佳不黏牙。

★ 塔皮有點厚度口感較佳。

莓果乾起士派

派皮材料

中筋麵粉	310g
全蛋	1 顆
細砂糖	100g
無鹽奶油	190g
鹽	適量
香草粉	適量
檸檬皮屑	適量

裝飾

糖粉	適量

內餡材料

奶油起士	650g
細砂糖	180g
蔓越莓乾	80g
藍莓乾	20g
香草莢醬	30g
蘭姆酒	80g
柳丁皮屑	8g (約 1 顆)
檸檬皮屑	8g (約 1 顆)
全蛋	2 顆
蛋黃	5 顆

派皮作法

★請見 P.160《堅果塔》麵糰作法。

❶ 中筋麵粉、香草粉在工作檯上堆成
小山丘狀，中心挖洞，放入全蛋、
細砂糖、無鹽奶油、鹽、檸檬皮屑。

❷ 用手指將麵糰之材料混勻。

❸ 以手腕的力量將上述麵糰搓揉均
勻，但不要揉太久。

❹ 將揉好的麵糰放入塑膠袋裡，冷藏
鬆弛 20 分鐘。

❺ 在直徑 28 公分圓模中刷上奶油、
撒上高筋麵粉 (配方外) 備用。

❻ 麵糰向外擀平後平鋪在 25*10*2.5
公分方模中貼緊，底部戳洞。

TIPS

★此配方可做 25*10*2.5 公分的派模 3 個。

內餡組合製作

❶ 將奶油起士放進大碗中，混入細砂
糖、莓果乾、香草莢醬、蘭姆酒、
柳丁皮屑、檸檬皮屑攪拌均勻。

❷ 放入全蛋及蛋黃，將其充分拌勻。

❸ 將內餡填入派皮內鋪平，入爐烘
烤，以上火 190 度 / 下火 200 度，
烘烤約 35~40 分鐘，直到表面呈
金黃色。

❹ 出爐，待蛋糕冷卻後從模具中取出
放涼，撒上適量糖粉。

燕麥果乾餅

材料

無鹽奶油	120g
鹽	1g
細砂糖	60g
全蛋	60g
低筋麵粉	150g
小蘇打粉	2g
即溶燕麥片	100g
蔓越莓乾	50g
葡萄乾	50g

表面沾裹

即溶燕麥片	150g

作法

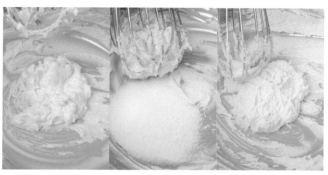

❶ 無鹽奶油置於室溫軟化，以打蛋器拌勻，加入鹽和細砂糖稍稍打發。

❷ 全蛋分 2~3 次加入拌勻。

❸ 將低筋麵粉、小蘇打粉過篩，加入拌勻。

❹ 加入燕麥片、蔓越莓乾、葡萄乾拌勻成糰，如太軟，可先放置冰箱冷藏 30 分鐘，取出再分小塊。

❺ 將沾裹用的燕麥片放入鋼盆中，取約 25g 麵糰以手搓圓，沾裹燕麥片。

❻ 以掌心輕壓，置於烤盤上，入爐烘烤，以上下火 190 度烤約 18~20 分鐘。

🍽 TIPS

★ 若不加小蘇打粉，可在步驟 1 將奶油打發一些，口感一樣酥鬆。
★ 營養高纖維的餅乾，早餐、下午茶皆適宜。

南瓜戚風蛋糕捲

蛋白泡材料

蛋白	400g
鹽	5g
塔塔粉	5g
細砂糖	200g

麵糊材料

保久乳	130g
沙拉油	150g
香草莢醬	5g
低筋麵粉	150g
玉米粉	40g
蛋黃	200g
去皮熟南瓜泥	100g
帶皮熟南瓜丁	160g

內餡材料

去皮熟南瓜泥	150g
植物性鮮奶油	300g

🍴 TIPS

★ 此份量為專業烤箱一個烤盤的量,約3個8吋圓模,家用烤箱請將分量除以3。

作法

① 將南瓜煮熟，靠近種子的柔軟部分過濾變細，其他部分連皮切小丁。

② 低筋麵粉、玉米粉過篩備用。

③ 將保久乳、沙拉油、香草莢醬拌勻，加入過篩的粉類用打蛋器拌勻，加入蛋黃、去皮熟南瓜泥拌勻。

④ 蛋白、鹽、塔塔粉打到 5 分發，加入細砂糖打到硬性發泡。(此為蛋白泡)

⑤ 挖 1/3 的蛋白泡到麵糊裡拌勻，再將剩餘的蛋白泡加入拌勻。

⑥ 將一半的南瓜丁均勻撒在鋪紙的烤盤上，另一半南瓜丁與麵糊拌勻，倒入模型抹平。

⑦ 入爐烘烤，以上火 200 度 / 下火 160 度烤約 12 分鐘後，轉向再烤 8~10 分鐘。

⑧ 出爐，輕敲烤盤震出空氣 (蛋糕較不會縮)，脫模放涼。

⑨ 打發植物性鮮奶油，將所有內餡材料拌勻。

⑩ 將內餡抹上蛋糕表面，捲起切片。

🥚🥛 百香果布丁派

派皮材料		百香果布丁餡	
中筋麵粉	260g	鮮奶	500g
無鹽奶油	170g	玉米粉	85g
細砂糖	10g	細砂糖	200g
鹽	4g	鹽	3g
冰水	75g	蛋黃	100g
		百香果汁	150g
		無鹽奶油	40g

派皮作法

❶ 中筋麵粉過篩加入無鹽奶油，在麵粉中將奶油切成均勻的細小丁，加入與細砂糖、鹽拌勻的冰水，以手掌壓拌，拌合成糰。

❷ 用塑膠袋包好，冷藏鬆弛 20 分鐘。

❸ 模具刷上奶油 (配方外)，擀平麵糰，將麵糰分成 15 份，均勻的捏合在塔模上，以叉子戳洞室溫鬆弛 20 分鐘。

❹ 入爐烘烤，以上下火 200 度烤約 20 分鐘。

內餡作法

❶ 鮮奶加熱到 60 度。

❷ 玉米粉、細砂糖、鹽拌勻再加蛋黃拌勻。

❸ 將步驟 1、2 拌勻，用小火煮至濃稠後離火，趁熱加入百香果汁拌勻，加入無鹽奶油拌勻。

❹ 趁熱倒入烤好的派皮裡，抹平放冰箱冷藏，即可食用。

 TIPS

★ 模具抹一層薄薄的奶油再撒上一層薄薄的麵粉，較好脫模。

酥皮蘋果派

派皮材料	
冷凍起酥皮	10 張

裝飾材料	
蛋液	適量

蘋果餡材料	
無鹽奶油	60g
細沙糖	75g
蘋果	6 顆
肉桂粉	5g
玉米粉	15g

蘋果餡作法

❶ 蘋果去皮切小丁，泡一下鹽水，瀝乾水分備用。

❷ 無鹽奶油、細砂糖、蘋果丁一起用中火煮滾，轉小火熬煮至蘋果丁軟透。

❸ 加入肉桂粉拌勻，加入玉米粉拌勻，放涼備用。

組合作法

  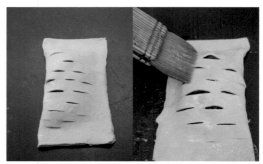

❶ 取一張起酥皮，在起酥皮四周刷上蛋液。

❷ 將煮好放涼的蘋果丁放於起酥皮右邊中間，以小刀割線。

❸ 取起酥皮左邊覆蓋蘋果餡，四周輕壓黏合，刷上蛋液。

❹ 入爐烘烤，以上火 220 度 / 下火 200 度，烤 20~25 分鐘。

🍽 TIPS

★ 肉桂粉與玉米粉可酌量增減。

★ 烤箱需先預熱，如果爐溫不足烤焙時容易出油，導致烤不蓬鬆而影響體積與口感。

叉燒酥

酥皮材料

冷凍起酥皮　20 張

餡料材料

水	75g
細砂糖	21g
醬油	10g
玉米粉	6g
樹薯澱粉	6g
鹽	1g
沙拉油	10g

餡料材料 B

素蠔油	10g
素火腿丁	120g

作法

❶ 素火腿切丁備用；將餡料材料拌勻，用小火煮到糊化透明有亮度。

❷ 加入素蠔油、素火腿丁，與步驟 1 充分拌勻即可。

❸ 冷凍酥皮壓模，刷上蛋液，兩片疊一起增加厚度。

❹ 酥皮刷蛋液，放上內餡收口，注意收口邊緣不可硬壓，輕壓黏合即可。

❺ 表面刷上蛋液，以叉子戳洞。

❻ 入爐烘烤，以上火 220 度 / 下火 200 度，烤 20~25 分鐘。

 TIPS

★ 烤箱需先預熱，如果爐溫不足烤焙時容易出油導致烤不蓬鬆而影響體積與口感。

酥皮火龍果塔

塔皮材料

無鹽奶油	75g
糖粉	40g
鹽	0.5g
全蛋	25g
奶粉	5g
低筋麵粉	120g

奶油布丁餡材料

鮮奶	165g
細砂糖	30g
鹽	1g
玉米粉	17g
全蛋	35g
無鹽奶油	17g

裝飾材料

植物性鮮奶油	120g
苦甜巧克力	50g
紅肉火龍果	3 顆

 TIPS

★刷上一層融化的巧克力，可隔絕奶油布丁餡裡的水分，可以保持塔皮的酥脆口感。

塔皮作法

★請見 P.160《堅果塔》麵糰作法。

❶ 無鹽奶油、糖粉、鹽用打蛋器打發。

❷ 分次加入全蛋拌勻。

❸ 加入過篩的奶粉、低筋麵粉，改用刮刀拌勻成糰，放入冰箱鬆弛 20 分鐘。

❹ 分割麵糰 20g*12 個，壓入模型整平後戳洞，室溫鬆弛 20 分鐘。

❺ 烤箱預熱上火 180 度 / 下火 200 度，先烤 10 分鐘，再調頭續烤 5 分鐘；出爐冷卻，刷上隔水融化的巧克力。

奶油布丁餡、組合作法

❶ 鮮奶隔水煮沸備用。

❷ 細砂糖、鹽、玉米粉拌勻，加入全蛋拌勻，將煮沸的熱牛奶沖入拌勻，再度放回爐火上隔水煮至糊化，離火放入無鹽奶油拌勻，放涼備用。

❸ 將植物性鮮奶油打發，與放涼的布丁餡拌勻，用擠花袋擠入塔皮上。

❹ 火龍果去皮，挖成小球狀，裝飾於奶油布丁餡上即可。

優品 COOKING 20

素食・食蔬

作　　者　阮竑榮、謝曜宇、蕭永常、蔡明燕
總 編 輯　薛永年
美術總監　馬慧琪
文字編輯　蔡欣容
美術編輯　李育如
攝　　影　光芒商業攝影

出 版 者　優品文化事業有限公司
電　　話　(02)8521-2523
傳　　真　(02)8521-6206
E-mail　8521service@gmail.com（如有任何疑問請聯絡此信箱洽詢）

印　　刷　鴻嘉彩藝印刷股份有限公司

業務副總　林啟瑞 0988-558-575

總 經 銷　大和書報圖書股份有限公司
地　　址　新北市新莊區五工五路 2 號
電　　話　(02)8990-2588
傳　　真　(02)2299-7900

網路書店　www.books.com.tw 博客來網路書店

出版日期　2024 年 04 月
版　　次　一版一刷
定　　價　380 元

國家圖書館出版品預行編目（CIP）資料

素食，食蔬 / 蕭永常，阮竑榮，謝曜宇，蔡明燕著．
-- 一版 . -- 新北市：優品文化事業有限公司,2024.04
180 面；19x26 公分 . -- (Cooking；20)
ISBN 978-986-5481-56-8(平裝)

1.CST: 素食食譜 2.CST: 蔬菜食譜

427.31　　　　　　　　　　　　　113002903

本書原書名：蔬食・食蔬